童寯建筑写作

文本阅读与话语分析

韩艺宽　著

中国建筑工业出版社

图书在版编目（CIP）数据

童寯建筑写作：文本阅读与话语分析 / 韩艺宽著
. —北京：中国建筑工业出版社，2022.9
ISBN 978-7-112-27722-3

Ⅰ.①童… Ⅱ.①韩… Ⅲ.①童寯（1900-1983）—
建筑学—思想评论 Ⅳ.①TU-092.7

中国版本图书馆CIP数据核字（2022）第143559号

责任编辑：王晓迪　郑淮兵
书籍设计：锋尚设计
责任校对：王　烨

童寯建筑写作　文本阅读与话语分析
韩艺宽　著

*
中国建筑工业出版社出版、发行（北京海淀三里河路9号）
各地新华书店、建筑书店经销
北京锋尚制版有限公司制版
北京中科印刷有限公司印刷
*
开本：880毫米×1230毫米　1/32　印张：9½　字数：211千字
2022年9月第一版　　2022年9月第一次印刷
定价：**58.00**元
ISBN 978-7-112-27722-3
（39736）

童寯先生将建筑设计创作和历史理论研究融为一体，在中国近现代建筑史上有举足轻重的地位。出于对童寯先生几十年的关注和欣赏，我鼓励韩艺宽对此主题展开研究。经过数年不懈努力，作者通读了童寯先生所有公开发表的著述，结合其生平经历、学术研究和创作实践，顺利完成了本书。尽管部分观点有待进一步讨论，但本书依然有很多独到见解，对童寯先生的学术思想研究做出了一定贡献，也会给读者带来不少启发。

——周琦

东南大学建筑学院教授、博士生导师

国际建筑科学院教授

　　童寯在建筑设计与教育、园林历史与理论等方面有公认的重要地位，对建筑学术的影响有目共睹，然而其著述一直未得到全面深入的研究。本书展开了对童寯建筑写作的批判性阅读，提供了理解其建筑评论、建筑史和园林史的视角。本书的分析方法突出了童寯的历史观念及其作品的内在意义。这种方法论的探索可以用于在历史语境中阅读童寯的写作文本，也可以用于阅读同时期其他作者的文本。通过这种阅读方式，我们可以更多地了解童寯的想法，以及这些想法是如何与今天的建筑相关联的。

——何培斌

联合国教科文组织亚洲建筑保护与管理主席

新加坡国立大学建筑系主任、教授

我们必须面对"空间与社会的关系像是一面破镜"的复杂性。童寯，作为20世纪30年代第一代留学归国的杰出建筑专业者与"五四"以后的中国知识分子，在建筑师与建筑史家之间，在一个古老发展中国家摸索建构现代性文化计划的冲突的历史里，颇具复杂性与矛盾性。本书面对童寯的建筑写作，拉远距离，展开对历史研究的初步尝试。本书的贡献，与其说是提供了具体的历史答案，不如说是提醒人们对相关历史问题进行再度思考。

——夏铸九

东南大学建筑国际化示范学院童寯讲席教授

台湾大学名誉教授

国际城市论坛杰出研究员

前言

童寯是20世纪中国著名建筑师、建筑教育家及建筑史学家。作为建筑师，他是第一代留学归国建筑师的代表人物，主持或参与了行政建筑、文教建筑、商业建筑、工业建筑及居住建筑等各类型的工程设计实践，涉及近代"中国古典复兴式"、"新民族"风格、"国际式"等多种建筑样式，其中很多成为该时期中国建筑实践的代表作品，对当时甚至后来的中国建筑实践产生了巨大影响；作为建筑教育家，他于20世纪30年代初归国后就参与了东北大学建筑系的教研工作，40年代中入职中央大学建筑系，他所属的留美派教师群体深刻影响了这两所学校乃至全国的建筑教育；而作为建筑史学家，他的研究包含了从外国建筑史、外国园林史、建筑教育史到中国建筑史、中国园林史等一系列课题，在建筑史学、园林史学领域影响深远。

从目前的研究来看，对童寯建筑工程实践的研究最为深入——不仅有针对童寯及华盖建筑师事务所工程设计实践的梳理，还有分散在近代建筑师群研究、南京和上海近代建筑史研究中的零星案例。建筑教育具有群体决策、群体协作的特征，因此除少数开创者及改革者可以为该校建筑学科赋予鲜明的个人特征外，大多数情况下，教师群体共同作用的特征比较明显，个人的作用往往包含在群体的工作中，难以分辨。也正是因为这样，目前的建筑教育史研究，往往设定为针对某校某时期教育的研究，其中人物多以群体形象出现。针对童寯建筑写作的专项研究目前尚未全面展开，仅有少量针对其中国园林史著作的专门研究，因此本书将研究对象锁定为童寯的建筑写作，具体包括其建筑评论、建筑史、园林史等写作文本。

童寯的研究成果如《江南园林志》《东南园墅》《造园史纲》《新建筑与流派》《近百年西方建筑史》等已经陆续出版，包含童寯数本建筑史著作、多篇建筑论文以及众多杂录笔记、日记、书信等珍贵文献的四卷本《童寯文集》也于2000年至2006年由中国建筑工业出版社全部出版，这些文献是本书展开研究的基本前提。

大卫·沃特金（David Watkin）曾把建筑史研究分为三个层次。第一层次是基于事实层面的，比如考证时间、地点、名称等历史事实；第二层次是基于历史层面的，比如论证为什么要进行建造；第三个层次是基于美学（或哲学）层面的，比如讨论风格的演变及其原因。本书在现有资料的基础上，全面梳理童寯的建筑写作产品，并深入研究这些写作产品呈现的历史观念，既注重事实层面的资料整理，又希望能在历史理论层面有所建树。

具体而言，在事实层面，本书将童寯的建筑写作产品分为建筑评论、建筑史（西方建筑史、苏联及东欧建筑史、日本建筑史、建筑教育史、中国建筑史等）、园林史（中国园林史、世界园林史等）三大部分，核实了每一部分的史实（如时间、背景、对象、内容等），并重点关注其中正式出版的代表作品，予以细致分析。在历史理论层面，本书在解释历史事实的基础上，进一步分析事实背后的历史观念与方法。比如，在对童寯的建筑评论进行分析时，不仅关注评论的内容、评论对象、写作空间，还关注其背后的评论范畴、价值标准，以及建筑评论与其建筑实践之间的复杂关系；在分析童寯的建筑史、园林史写作时，既关注其内容，又关注其历史叙述背后的本体论、认识论、方法论、实践观等历史理论预设，并通过谱系分析的方法，追问这些历史理论的话语来源。

此外，本书在研究过程中还涉及其他近代建筑家（如梁思成、林徽因、刘敦桢、董大酉、陆谦受、黄钟琳、庄俊、过元熙、刘既漂、乐嘉藻、陈植、伊东忠太等）的言论与著述。可以说，在研究童寯建筑写作的同时，也部分展示了近代建筑人物的群像。

目录

前言

绪论

从生平事迹到话语分析

第一节 学术研究视野中的童寯

一、生平事业评价下的童寯

由童寯、郭湖生联合指导，方拥完成的硕士学位论文《童寯先生与中国近代建筑》是梳理童寯生平事业的早期代表作。作者与童寯的师生关系以及该文的成文日期（仅在童寯去世一年后的1984年），使这篇文章中的史料显得弥足珍贵。该文围绕童寯的家庭背景、青少年学习、留美学习、东北大学任教、华盖建筑师事务所任职、建筑设计理论研究、造园理论研究等多个方面展开，对了解童寯生平及职业生涯极具参考价值。童明的《中西情结与学术精神》、赖德霖的《童寯的职业认知、自我认同和现代性追求》则是21世纪以来针对童寯总体事业与生平的代表性研究成果。

公正的评价在很多时候其实难以真正展开。现实中，很多针对第一代建筑家的研究往往热衷于介绍其学术事业的开创性成就，并通过对其品德修养的歌颂，将其推至不容置疑的历史定位。有些研究甚至不惜忽略、删除、歪曲、篡改那些看上去与这些建筑家"形象不符"的异质性文本。这种做法既受为尊者讳、为亲者讳、为贤者讳的传统影响，又往往伴随着维护某些学术团体名誉和利益的现实动机。在这种文化与现实环境下，展开批判性反思的学术空间往往非常狭窄，因此也显得《中西情结与学术精神》一文异常珍贵。该文从童寯的复杂性格及矛盾特征来叙述其一生的事业，传统与现代、古板与幽默、工整与飘逸、匠人与文人、中国与西方，这些看起来几乎对立的特征却同时存在于童寯的性格、生活、事业中。如果说这篇文章清晰地呈现了这些矛盾，那么《童寯的职业认知、自我认同和现代性追求》一文则试图从童寯的生平事迹如家庭出身、教育背景、社会关系等方面解释这些矛盾。该文以童寯在建筑设计实践及建筑评论方面的现代主义追求和他对中国文人绘画及中国传统园林的热忱的矛盾性作为论述起点，将前者归为接受系统西方教育的结果，后者则被解读为怀念清王朝时期满族人优越社会地位的"遗民"心理①。

本书认可《中西情结与学术精神》一文对童寯的整体评价，并认为这种复杂性是特定历史时期知识分子的常见状态。实际上，本书对童寯生平事迹的关注相对有限，将着眼点主要放在了其写作文本上。在对这些文本整理、归类、阅读、分析时发现，就某一类型的写作产品而言，统一连贯反而是童寯建筑思想的基本特征，他在20世纪30年代的建筑观点与后期保持着惊人的一致性。

二、建筑史研究视野下的童寯

目前，关于童寯建筑写作的专门研究相对较少，究其原因，

---

① 以该文为基础的《世界主义、无政府主义与童寯的外国建筑史和中国传统园林史研究》，将个人生平事迹与社会流行思潮相结合，进一步将童寯对现代建筑的推崇归结为世界主义追求，而对江南园林的热衷则是个人主义或无政府主义的体现。参见：赖德霖. 童寯的职业认知、自我认同和现代性追求［J］. 建筑师，2012（1）：31-44. 以及：赖德霖. 中国近代思想史与建筑史学史［M］. 北京：中国建筑工业出版社，2016.

大约是在第一代建筑学者中，公认的建筑史研究佼佼者向来以梁思成、刘敦桢为代表。童寯最被认可的是其园林史研究和西方现代建筑史研究。针对其建筑史研究的文章有郭湖生的《创造者的颂歌——读"新建筑与流派"》、陈志华的《"近百年西方建筑史"读后记》、陈谋德的《科学技术是建筑发展的主要动力——童寯先生建筑学术思想的启示与思考》等。

郭湖生的《创造者的颂歌——读"新建筑与流派"》一文介绍了童寯的《新建筑与流派》，并指出这本书的特点在于歌颂新建筑以及新建筑发展过程中的代表人物。陈志华的《"近百年西方建筑史"读后记》认为，《近百年西方建筑史》坚持了"社会的物质条件和建筑本身的物质条件领先的原则"，也正是由于贯彻了这样的原则，这本书才会旗帜鲜明地"歌颂进步、革新、创造，批判保守、落后、复旧"。这篇文章特别指出《近百年西方建筑史》的两个特点：一是重视结构、材料、技术本身的发展，二是重视主要建筑师个人的气质和品格。陈谋德的《科学技术是建筑发展的主要动力——童寯先生建筑学术思想的启示与思考》一文关注的是，童寯建筑史写作除了把科学技术作为建筑发展的主要动力外，还关注了政治、思想、文化等因素，这特别体现在他对日本近现代建筑的研究中。

以上三位先辈或与童寯的生活和事业有所交集（如郭湖生是童寯的同事，陈谋德是童寯的学生），或本身也是建筑史领域的专家（郭湖生是中国建筑史专家，陈志华是外国建筑史专家）。本书认可他们的研究结论，并在后文研究中加以引用。同时，本书更关心的是童寯这些建筑观点的可能来源，及其建筑话语的历史观念基础。

三、园林史研究视野下的童寯

针对童寯园林写作的主要研究有焦键的《关于童寯园林研究的再认识》、叶仲涛的《童寯园林史学思想和方法研究》、张波的《童寯"江南园林志"的研究方法考察》、周宏俊的《试析"江南园林志"之造园三境界》、童明的《眼前有景——江南园林的视景营造》、顾凯的《童寯与刘敦桢的中国园林研究比较》等。

焦键的硕士学位论文《关于童寯园林研究的再认识》，总结了童寯园林研究的各个阶段、主要内容、所用方法等。作者对相关人士的访谈对本书有很多启发，尤其是童寯助手宴隆余先生的口述，提供了很多其他文献中没有的事例。不过该文将童寯的园林史研究分为四个阶段（1928—1931年、1931—1949年、1949—1976年、1977—1983年）的做法，显然太过受制于政治史（如1949年、1976年等时间节点），而非将重点放在童寯的园林史写作本身上，本书则根据其园林史写作文本的完成时间进行两个阶段的分期。

叶仲涛的硕士学位论文《童寯园林史学思想和方法研究》研究了童寯的园林史思想和研究方法。该文将童寯史学思想概括为两点：一是历史学就是史料学；二是历史碎片可以反映历史的本来面目，将其研究方法归纳为考证、测绘、比较、摄影、评论五种。尽管本书基本认可这些结论，但遗憾的是限于硕士生的理论水平，该文并未深入说明这种历史观念的来源，同时对研究方法的概括也显得精确性不足。本书注意到了客观史学对童寯的影响，其实这种影响直接反映在童寯的建筑史写作中，而非《江南园林志》中。关于园林研究方法，本书认为测绘、摄影、访谈、记录等方法其实均属于田野考察的范畴。

张波的《童寯"江南园林志"的研究方法考察》一文揭示了《江南园林志》成为经典的原因，该文认为《江南园林志》为园林遗产保护提供了名录，也为后来人了解和认识园林奠定了基础。作者将该书的研究方法概括为文档搜集、观察记录、访谈等，并进一步指出该书的写作特点。本书基本认可这种概括，不过对这种研究方法的来源更感兴趣，在本书看来，《江南园林志》的研究方法与当时流行的"二重证据法"接近，是历史文献考证和田野考察的结合。

周宏俊的《试析"江南园林志"之造园三境界》和童明的《眼前有景——江南园林的视景营造》均探讨了童寯"造园三境界"的背景、内涵和意义。前者在文本细读的基础上，指出了"造园三境界"的诗词、绘画语境，一一考证了"造园三境界"中每个词语和句子的来源。后者既有对"造园三境界"来源的解析，又结合苏州园林实际案例，试图提炼视景营造在建筑学领域中的意义。本书的研究引用了这两篇文章的文献考证，并进一步将其概括为童寯园林史研究中"诗、画、园"三位一体的园林认知。

顾凯的《童寯与刘敦桢的中国园林研究比较》通过对比《江南园林志》和《苏州古典园林》两部文本，指出童、刘二人在治学方式和目标取向两个方面的差异，并将这种差异归因于时代背景及个人性格。这篇文章启发了本书对其他早期园林研究者如刘敦桢、陈植，甚至乐嘉藻、冈大路、林语堂等人的关注。本书在更加条理化的历史编纂学和历史理论的框架下，同样展开了童与刘的园林研究对比。

第二节　文本研究中的近代建筑思想

　　一些针对其他近代建筑家（如梁思成、刘敦桢等）文本的研究为本书提供了认识论和方法论层面的指导。这些研究包括：夏铸九的《营造学社——梁思成建筑史论述构造之理论分析》和《宾夕法尼亚大学与中国现代建筑——现代性移植与建筑教育的挑战》、赵辰的《"民族主义"与"古典主义"：梁思成建筑理论体系的矛盾性与悲剧性之分析》、赖德霖的《文化观遭遇社会观——梁刘史学分歧与20世纪中期两种建筑观的冲突》及《梁思成"中国雕塑史"与喜仁龙》、王骏阳的《"历史的"与"非历史的"——80年后再看佛光寺》、鲁安东的《迷失翻译间：现代话语中的中国园林》、冯仕达的《中国园林史的期待与指归》等。

　　夏铸九的《营造学社——梁思成建筑史论述构造之理论分析》可以看作是话语分析运用在建筑史领域的典型案例，其英文标题（*S. C. Liang, YTHS and the Idea of "Chinese Architectural History" as a Discourse Formation*）直译便是"作为话语形态的梁思成、营造学社及其中国建筑史观点"，该文的重点是对梁思成中国建筑史知识建构与生产过程进行理论分析。文章从生物学类比的历史哲学结合了士大夫改良主义思想、环境影响说的机械唯物论简化了社会历史现实、结构理性主义道德规范作为整个论述体系操作的隐藏规则、现代史学文献调查及形式主义美学支配的建筑史论述四个层面阐述了梁思成建筑史论述的理论逻辑。并指出上述理论逻辑被历史地建构为支配性话语，左右了建筑史论述的发问方式，形成了中国建筑史领域思维与评价的霸权。夏铸九的另一篇文章《宾夕法尼亚大学与中国现代建筑——现代性移植与建筑教育的挑战》则指出宾夕法尼亚大学所代表的布扎体系以及哈佛大学的包豪斯体系先后成为近代华人建筑师现代性移植的建筑启蒙，该文通过杨廷宝、童寯、梁思成、林徽因以及稍晚的贝聿铭、王大闳、陈其宽等个案，阐述了现代性移植的路径。

赵辰的《"民族主义"与"古典主义"：梁思成建筑理论体系的矛盾性与悲剧性之分析》、赖德霖的《文化观遭遇社会观——梁刘史学分歧与20世纪中期两种建筑观的冲突》虽然没有直接运用话语理论作为其分析方法，但行文中依然可以看出话语分析的影子。前者的主要内容是：带着强烈民族主义信念的梁思成等学者，为反抗外国学术侵略而建立了中国建筑学术体系，但是他们却套用了西方古典主义建筑理论体系来研究中国建筑，从而形成一种根本性矛盾，并影响至今。后者则从刘敦桢的一个异质文本——1955年的《批判梁思成先生的唯心主义建筑思想》（该文未被《刘敦桢全集》收录）入手，分析梁、刘两位先驱在史学观念上的差异：梁强调建筑的文化性，刘则强调建筑的社会性，这两种观念既是当时建筑风格与遗产保护辩论中两种基本对立思想的根源，也代表了两部中国建筑史两种不同的写作方式。同时赖德霖的《梁思成"中国雕塑史"与喜仁龙》还指出梁思成的《中国雕塑史》并非其专著，而是20世纪30年代初为东北大学中国雕塑史课程做的讲义，集合了众多国外研究者的成果，其中借鉴最多的是瑞典美术史学者喜仁龙[①]

---

① 喜仁龙（1879—1966）是于芬兰出生的瑞典艺术史学家，其兴趣包括18世纪瑞典艺术、意大利文艺复兴和中国艺术。

（Osvald Sirén）的《五至十四世纪的中国雕塑》（*Chinese Sculpture from the Fifth to the Fourteenth Century*）。

王骏阳的《"历史的"与"非历史的"——80年后再看佛光寺》以佛光寺东大殿这一重要历史建筑与梁思成建筑史研究的关系为切入点，反思梁思成的中国建筑史构建及其对当代中国建筑学可能带来的正反两方面的启示。该文并未全面推翻夏铸九、赵辰等学者的基本结论，也没有仅从历史标准看梁思成的中国建筑史研究，而是将梁思成的工作视为一种立足于建筑本体的具有批判思维的历史构建。也就是说，梁思成作为一位具有设计思维的建筑史学家，他的历史研究很大程度上是为建筑设计服务的，从这个角度来看，其研究中具有操作性的价值批判（如推崇唐宋建筑，贬低明清建筑）是有意义的，"也许这种选择的正当性无法通过历史的层面获得，但却可以在设计的层面获得——某种意义上而言，设计与历史的关系就是选择，即在价值重估的基础之上，选择与当代设计相关的，放弃无关的"。

当代园林研究也不乏这样的反思，典型成果有鲁安东的《迷失翻译间：现代话语中的中国园林》和冯仕达的《中国园林史的期待与指归》。《迷失翻译间：现代话语中的中国园林》一文揭秘了中国园林研究中的空间暗喻，这种对空间理论的强调源于20世纪50年代建筑界对民族性和现代性的追求，而翻译的基础则是默认的运动感知经验模式——将"游"诠释为"运动"，将"景"诠释为"观"，将"处"诠释为"空间"。《中国园林史的期待与指归》一文以陈从周和彭一刚在他们著作中的照片和图示为例，说明了西方图像技术的引进对中国园林研究在方法论层面的意义。并指出直接套用线性历史观和进步论会导致中国园林史研究出现历史错位。

　　以上这些论文为本书的写作提供了认识论和方法论的启发。比如，本书对童寯建筑史和园林史写作的历史理论分析，就借鉴了《营造学社——梁思成建筑史论述构造之理论分析》的架构；其中，把童寯的文本与其他作者文本并置的方式，受到《梁思成"中国雕塑史"与喜仁龙》一文的影响；探讨童寯的建筑评论、建筑史、园林史与设计实践的关系，是受《"历史的"与"非历史的"——80年后再看佛光寺》一文启发的结果；探讨童、刘园林史研究的方法及其对古与今、中与西的态度，则与《迷失翻译间：现代话语中的中国园林》和《中国园林史的期待与指归》两篇文章的影响密不可分。

第三节　他山之石：建筑历史理论与人文思想研究

一、建筑历史理论研究

　　很多建筑历史理论著作在不同层面启发了本书的研究。如郭杰伟（Jeffery Cody）、夏南悉（Nancy Steinhardt）等主编的关于中国近代建筑研究的论文集《中国建筑与布扎》（*Chinese Architecture and the Beaux-Arts*）；关乎建筑师职业形成的，有斯皮罗·科斯托夫（Spiro Kostof）的《建筑师》（*The Architect*）；关于建筑史研究的，有大卫·沃特金的《建筑史的崛起》（*The Rise of Architectural*

History）、怀特（G. Wright）的《美国建筑院校史学史，1865—1975》（*The History of History in American Schools of Architecture 1865-1975*）、彼得·柯林斯（Peter Collins）的《现代建筑思想的演变》（*Changing Ideals in Modern Architecture*）、丹纳·阿诺德（Dana Arnold）的《阅读建筑史》（*Reading Architectural History*）、波菲利（D. Porphyrios）的《建筑史方法论》（*On the Methodology of Architectural—History*）、爱德华·卡尔（Edward Hallett Carr）的《什么是历史？》（*What is History?*）、塔夫里（Manfredo Tafuri）的《建筑学的理论和历史》（*Theories and History of Architecture*）、希尔德·海嫩（Hilde Heynen）的《建筑与现代性：一种批判》（*Architecture and Modernity：A Critique*）等一大批著作。

《中国建筑与布扎》一书解释了布扎体系的设计原理，以及在近代中国，布扎体系是如何与传统官式建筑融合在一起，形成"中国古典复兴式"建筑潮流的；《建筑师》一书叙述了建筑师这个职业在西方历史上起源、发展、演变的过程，从中我们既可以看到这个职业的某种自主性，也可以看到其由于依附于权力或资本而呈现的某些妥协性；《建筑史的崛起》叙述了英国和欧洲大陆建筑史学科的出现和发展；《美国建筑院校史学史，1865—1975》记述了美国建筑院校建筑史教育从布扎体系到现代主义的转变，伴随着这个转变的过程，其经典教材也从《比较建筑史》转向《时间、空间与建筑》；《现代建筑思想的演变》是一部典型的思想史著作，它将现代建筑思想从一般意义上的20世纪初，回溯至18世纪中叶，分别叙述了浪漫主义、复古主义、功能主义、理性主义的思想内核，以及历史、文学、艺术等对建筑思想的影响；《阅读建筑史》《建筑史

方法论》《什么是历史？》是对一般历史和建筑史观念与方法的深度
探索与反思，比如对"作者"意义的怀疑，对历史客观性的质疑，
对风格史、空间史的反思，对女性主义的介绍等，都为我们早已
习惯的历史叙述画上一个问号，本书吸收了其中一些批判性观点；
《建筑学的理论和历史》追溯现代主义运动的源头，引入了建筑的
阶级批判，从意识形态的各个领域重新阐述了建筑学的历史，其中
操作性批评的话题为本书提供了历史批评的思路。《建筑与现代性：
一种批判》追溯了西方思想史上的现代性观念，以及它们与建筑学
的关系，其中两种现代性的划分为本书研究童寯建筑思想的现代性
提供了理论参照。

二、中国近代思想史研究

一些中国近代思想史著作，为研究童寯成长的社会环境及近
代社会思潮提供了很好的思想脉络，如杜维明的《现代精神与儒家
传统》、李泽厚的《中国近代思想史论》、吴雁南的《中国近代社
会思潮1840—1949》等。

以上著作对五四运动的重新评估，让我们了解到五四运动不
仅有西方文化的洗礼，也受清代以来学术传统的影响，呈现多元复
杂的特征。《现代精神与儒家传统》揭示了近代中国知识分子有选
择地吸收西方文化的过程，这种"中体西用"的方式是了解时至今
日中国科学主义盛行的绝佳角度。《中国近代思想史论》和《中国
近代社会思潮1840—1949》都是研究中国近代思想和社会的大部头
著作，其中对某些人物（如梁启超、严复、胡适等）和流派（如战

国策学派）的介绍为本书提供了参考资料。

三、其他人文社会科学研究

　　还有一些人文社会科学著作，为研究建筑史学观念、建筑与权力、政治、现代生活的关系提供了思想武器。如黑格尔（Georg Wilhelm Friedrich Hegel）的《哲学史讲演录》和《法哲学原理》、列斐伏尔（Henri Lefebvre）的《空间的生产》（*The Production of Space*）、罗兰·巴特（Roland Barthes）的《作者的死亡》（*The Death of the Author*）和《从作品到文本》（*From Work To Text*）、福柯（Michel Foucault）的《作者是什么?》（*What is Author*）和《话语的秩序》（*The Discourse on Language*）、路易·阿尔都塞（Louis Althusser）的《资本主义再生产：意识形态与意识形态的国家机器》（*On The Reproduction Of Capitalism*：*Ideology and Ideological State Apparatuses*）、萨义德（Edward Wadie Said）的《东方学》（*Oriental studies*）与《文化与帝国主义》（*Culture and Imperialism*）等。

　　黑格尔是西方哲学史重要的思想人物，他的哲学思想对艺术史产生过深远的影响。本书介绍了他的民族精神、时代精神、艺术史的兴衰进化等内容，这些内容对西方建筑史学者影响颇深，同时也间接影响了中国建筑史学者的写作；《空间的生产》中三种空间的划分（即空间的三元辩证法）为本书思考建筑活动提供了思路，它不仅是物质建造和图纸描绘，更是一种象征性的空间实践；罗兰·巴特的《作者的死亡》《从作品到文本》以及福柯的《作者是什么?》《话语的秩序》是结构主义和后结构主义哲学的经典文本，前者张扬了文本的伦理学，后者彰显了文本的政治学，它们对传统意义上"作者"和"作品"的批判和消解，启发了本书对以往常见的建筑史研究方法的质疑，那是一种把一切思想都追溯至作者生平事迹的批评方法，似乎只要了解了作者的生平，就能够解读他们的作品；《资本主义再生产：意识形态与意识形态的国家机器》区分了强制性国家机器和意识形态国家机器，本书认为，这两种实体在实际城市建设中各有侧重，但一般是共同作用的，比如受国民政府认可的"中国古典复兴式"建筑，不仅体现在政府宣传文件中，也体现在各项工程建设中权力部门的参与中；《东方学》和《文化与帝国主义》是后殖民理论代表作，它们一方面阐释了"东方"这个他者形象在西方文化中建构的过程，以及这种建构与西方殖民东方的帝国主义的关联，另一方面叙述了东方的知识精英面对这种建构的反应，如自我东方化、以民族主义对抗西方霸权等，这对本书重新认识近代中国知识分子面对本土文明衰落和西方文明挑战时的回应有很多启发。

第四节　从"作者—作品"到"文本—话语"

一、作品中心与作者中心

从第一节的介绍中可知，针对童寯建筑思想的研究主要有两种模式，一种以作品为中心，关注作品本身的意义解析，尽可能抛开作品以外的生平、时代、社会等因素，以20世纪80—90年代郭湖生、陈谋德、陈志华三位先辈的评论为主要代表；另一种以作者为中心，将建筑思想追溯至建筑家的人生经历，这种模式是目前研究的主流。将童寯的设计实践观点和建筑（园林）研究成果追溯至其家庭出身、教育背景、社会关系，这种推演方式似乎合情合理，但并非无懈可击。首要的风险在于过度聚焦于童寯的个性，而忽略了社会群体的共性。如果把童寯推崇传统园林的原因归结为失落的遗民心态，那就很难解释园林对汉族建筑学者的吸引力了。其实如果放大来看，很多近代知识分子身上都有类似的现代性与传统的矛盾，如胡适、鲁迅等激进的现代追求者在婚姻家庭生活方面表现出了传统与保守。其次的风险是，以某些生平事迹做出一个推论的同时，也很容易找到与之相矛盾的其他生平事迹。如通过童寯家属口述得知童寯留恋清王朝，痛恨国民党政权，但这似乎无法解释他为国民政府设计过大量公共建筑的事实，以及他与很多国民党背景的文化界人士关系密切的事实，同时也无法解释他想在奉系军阀（北洋军阀主要派系之一，北洋军阀是清朝皇帝的直接劝退者）主导下的沈阳活动一番的打算。

二、文本与话语

从作者生活经历的角度阐释其作品，其背后是对作者本人的关注。罗兰·巴特在其《作者的死亡》中指出，对作者高度关注的文化背景是近现代英国经验主义、法国理性主义推动发现了"个性的人"，因此实证主义文学批评给予作者本人最大的关注。这种批评集中于作者的个人经历、兴趣爱好、事业热情，并在大多情况下将"波德莱尔①（Charles Pierre Baudelaire）的作品看作是波德莱尔本人的失败记录，梵高②（Vincent van Gogh）的作品是他疯狂的记录，柴可夫斯基③（Pyotr Ilyich Tchaikovsky）的作品是其堕落的记录"。也就是说文艺批评把在作品中发现作者作为主要任务，一旦发现了作者，文本就可以理解，批评就取得了成功。罗兰·巴特列举了马拉美④（Stéphane Mallarmé）、瓦莱里⑤（Paul Valery）、普鲁斯特⑥（Marcel Proust）及超现实主义颠覆作者神圣性的途径，并借用索绪尔⑦（Ferdinand de Saussure）的结构主义语言学观点，认为作者从来就只不过是写作的人，"作者打算表达的内在本身只不过是一种包罗万象的字典，所有的字都只能借助其他字来解释，如此下

---

① 波德莱尔（1821—1867），法国19世纪最著名的现代派诗人，象征派诗歌先驱，代表作有《恶之花》等。

② 梵高（1853—1890），荷兰后印象派画家。代表作有《星月夜》、自画像系列、向日葵系列等。

③ 柴可夫斯基（1840—1893），19世纪伟大的俄罗斯作曲家、音乐教育家，被誉为伟大的"俄罗斯音乐大师"和"旋律大师"。

④ 马拉美（1842—1898），法国早期象征主义诗歌代表人物，文学评论家。代表作有《希罗狄亚德》（1875年）、《牧神的午后》（1876年）、《骰子一掷》（1897年）等。

⑤ 瓦莱里（1871—1945），法国象征派诗人，法兰西学院院士。作有《旧诗稿》（1890—1900）、《年轻的命运女神》（1917年）、《幻美集》（1922年）等。

⑥ 普鲁斯特（1871—1922），20世纪法国意识流文学的先驱，也是世界文学史上伟大的小说家之一。

⑦ 索绪尔（1857—1913），瑞士语言学家，现代语言学理论的奠基者、结构主义创始人，从1907年始讲授"普通语言学"课程，其去世后，学生根据笔记整理成《普通语言学教程》一书，1916年在日内瓦出第一版，后来被翻译成多种语言，为语言的研究和语言学的发展奠定了科学的基础。

去永无止境"①。由此传统作家与其作品之间的先后关系被打破，取而代之的是现代抄写者与其文本的同时性关系。疏远作者之后，通过作者破译文本也就失去了意义，因为抄写者没有激情、性格、情感、印象，只有其赖以写作的一大套词汇。这时，作者退场，而无历史、无生平、无心理的读者登场了，读者将构成作品的所有痕迹汇聚在一起，成为文本多重意义的汇聚之处。在《从作品到文本》里，罗兰·巴特又区分了作品和文本。作品是感性的，拥有部分书面空间（如图书馆），文本则是一种方法论的领域，是一种话语的存在。作品接近于所指，文本是对符号的接近和体验，属于能指的部分，这些能指的形成往往与错位、重叠和变形的系列运动相关，而不是有机成熟或阐释深化的过程。作品是在确定关系的过程中得到理解的，如外部世界、作品之间的逻辑，以及作者的认定，文本则是复数的，可以获得意义的复合。文本削弱了写作和阅读的距离，它要求读者参与合作，以寻求一种文本再创作的实践。对文本来说，没有哪一种语言是稳定的，也没有什么阐述主体可以处于破译者的地位，文本理论只能同创作活动同时发生。《埃菲尔铁塔》可谓罗兰·巴特对自己文本理论的一次试验，在这里，埃菲尔铁塔成为一部可供阅读的建筑文本，工程师埃菲尔②（Gustave Eiffel，铁塔的"作者"）的生平在多种多样的阅读方式里并无特殊含义，换言之，了解了埃菲尔的生平，并不能破译这座铁塔。相反，铁

---

① 出自罗兰·巴特《作者的死亡》，参见：张中载，王逢振，赵国新. 二十世纪西方文论选读［M］. 北京：外语教学与研究出版社，2002.
② 埃菲尔（1832—1923）法国著名建筑大师、结构工程师、金属结构专家，因设计巴黎的标志性建筑埃菲尔铁塔而闻名于世。

塔被赋予了含义无穷的密码，技术、实用、梦幻、文学、象征、想象、心理等多种意义交叠、复合，甚至排斥，通通汇聚到了罗兰·巴特（读者）这里，对埃菲尔铁塔的阅读成为一种再创作的实践。

如果说罗兰·巴特是在语言学内部策动能指的游戏，解除了作品的外在束缚和意义关联，建立起自由、开放的写作姿态和阅读空间，张扬了文本的伦理学，福柯则用作者的功能性话语开启了文本的政治学①。与罗兰·巴特一样，福柯也认为作者的消失是马拉美以来的一种不断进行的事件，但是他的"作者消失"是建立在话语理论上的。福柯认为，在写作中，并非作者在写，而是话语让他写，作者看似可以主动表达，但实际上他的写作却是话语运作的结果，一切看起来似乎是作者发起的写作，其实都有某些外部话语塑形方式在规训着他，如此，写作更多受制于能指的自涉性关系，而非作者意图的所指内容。作者的名字作为一种专有名称不单单是一种指称，而更多是一个提示功能的他者，是处在作者个人存在之外的学术他性存在，可以用来区分特定的文本群，如"亚里士多德"②（Aristoteles）这个名字不仅指他这个人，而且包括了"形而上学本体论的创始者"这种学术事件。因此当我们提到作者时，更多是指话语群组的集合状态，是话语存在的"作者—功能"，而

---

① 此处引用了左其福的研究结论，参见：左其福. 语言学转向背景下作者死亡论的比较考察：以罗兰·巴特和福柯为对象［J］. 当代文坛，2009（2）：52-55.
② 亚里士多德（前384—前322），古希腊哲学家，其著作包含物理学、形而上学、诗歌（包括戏剧）、音乐、生物学、经济学、动物学、逻辑学、政治、伦理学等，和柏拉图、苏格拉底等一起被誉为西方哲学的奠基者。

作者个人本身却被空心化了。话语总是按照一定程序被控制、选择、组织、占有和传播，包含着复杂的权力关系，因此话语的产生是权力运作的结果。在《话语的秩序》一文中，福柯列举了三种话语控制的类型：外部控制、内部控制、应用条件限制。外部控制通过限定和区分履行话语的排斥功能，包括禁律（如可以谈论什么话题，不能谈论什么话题）、分隔和歧视（如以理性标准区分疯狂，并隔离之）和真理意志（如区分真理和谬误）。内部控制是话语的自行控制，包括评论原则（评论的阐释生成了等级化的话语）、话语净化原则（反复评论所建构的经典话语与作者相关联，作者被看作意义和统一性的来源）和学科原则（依靠方法、命题、规则、定义、技术和工具加以界定的无名系统）。应用条件限制是指话语权的归属，包括话语仪规（言说个体需要具备某种资质）、话语社团（制造话语，并使之在某一空间中流传）、信条原则（通过对某一真理的承认而集合起来的信条忠诚）和社会性占有（传递和生产新的话语权的教育系统）。福柯指出，批判性分析和谱系分析是话语祛序的两种方法，前者运用颠覆原则，剥离话语的排斥、限制和挪用机制，后者则可以分析这些话语机制出现、发展、变化①。

　　罗兰·巴特和福柯的研究不仅消解了作者，同时也消解了历史的客观性。受自然科学发展的影响，19世纪的历史学呈现出科学

---

① 此处引用了多位学者的研究结论，参见：许宝强，袁伟选. 语言与翻译的政治［M］. 中央编译出版社，2001. 又见：张一兵. 从构序到祛序：话语中暴力结构的解构：福柯《话语的秩序》解读［J］. 江海学刊，2015（4）：50-59. 以及：陶徽希. 福柯"话语"概念之解码［J］. 安徽大学学报（哲学社会科学版），2009，33（2）：44-48.

化的倾向，出现了追求"客观主义"和"科学方法"的兰克学派，以及追求实证主义史学的孔德（Comte）、泰恩（Tainc）、巴克尔（Henry Buckle）等。这种科学化的史学潮流不仅流行于西方，而且远播于日本、中国等地，梁启超、陈寅恪、傅斯年等均受其影响。从建筑史本身的发展来看，随着科学历史的革命，建筑史家也逐渐专职化，既有艺术史出身的学者通过建筑史的论述发展美学理论，也有建筑师出身的学者通过对建筑师及建筑物的叙述来探讨形式演变，后者由于其丰富的历史形式素材而在建筑学院中居于主导地位[①]，如以时间、地域和风格为划分依据，对各时代、各地区、各风格、各类型的代表性建筑案例进行图文并茂介绍的《比较建筑史》系列，从19世纪末出版以来，至今仍有巨大的影响力。然而这种陈述客观事实，避免主观评价的写作方式，在后现代历史学家看来，并不能真正做到"如实直书"，无论是史料选择、加工，历史分期，还是历史叙述，都离不开历史学家的主观选择。而历史学家作为史书的作者，却不过是罗兰·巴特意义上的抄写者，只拥有其赖以写作的一堆词汇，他们发起的写作，也不过是福柯意义上话语运作的结果。

三、"文本—话语"启发下的童寯建筑写作研究

当然，从很多后现代史学的实际文本来看，尽管其中可以

---

① 该结论来自王敏颖的相关研究，参见：王敏颖. 建筑史在西方与中国专业学院中的定位：从十八世纪迄今［J］. 台湾大学建筑与城乡研究学报，2011（17）：63-72.

看到一些罗兰·巴特、福柯或其他后现代哲学的影响，但也不可能完全抛弃现代史学的所有要素。一般来看，后现代哲学在史学写作中主要发挥某些批判性思考的作用，而非直接作为历史写作的方法论，本书亦是如此。不把童寯的建筑思想解释为某些其生平事迹的作用，并不是完全不去关注他的生平事迹。建筑家的思想当然与他接受的教育、考察的建筑、阅读的文本，以及周围的文化环境有关，但是这种影响是不是可以完全——对应呢？显然并非如此。因此，与其在其生平事迹中寻找解读文本的钥匙，不如通过多文本并置阅读，在多样性和多义性的基础上，捕捉其建筑思想的基本特征。同时，进一步考察这些思想观念的知识建构过程，一方面解析这些文本在本体论、认识论、方法论、实践观方面的具体表现，另一方面追溯这些表现的可能来源及话语基础。

综上所述，对童寯建筑写作的研究，重点不应放在挖掘童寯的生平事迹，并试图在其中获取意义上；更不是编纂一本《童寯传记》，记录其生平事迹、展示其学术事业、弘扬其高尚人格，而应该将重点放在文本阅读和话语分析上——将童寯各个时期的写作文本与同时期其他学术团体及建筑师、建筑学者的写作文本，以及与其有关联的文化界人士的写作文本并置，在多样性和多义性的基础上，捕捉其思想的基本特征。同时对童寯建筑写作的知识建构与知识生产过程进行理论分析，关注其写作背后的本体论、认识论、方法论等理论预设，并对其思考历史的方式提出发问。此外需要特别关注历史脉络，如果不了解当时的历史语境，就不能真正理解童寯建筑写作中透露出的种种观点的真正含义。大的历史脉络显然是近代中国在落后于西方的情况下，建立民族国家，寻求现代转型的过程，具体的历史脉络包括近代建筑学科的移植、建筑学术团体的建立，以及学术讨论的繁荣。

研究童寯的建筑评论，既要关注其评论的内容，也要关注其评论的对象，同时需要指出在当时的语境下，其他团体或个人对这一对象的评论意见。发表这些建筑评论的期刊或公共媒体，其背景和价值取向也值得关注。最重要的是做出这些评论所依据的评价标准，因为它们代表着童寯建筑知识建构的理论基础。由于这些评论直接指向建筑设计实践，那么评论与童寯的具体工程实践的关系就变得重要起来。换言之，我们既要察其言，还要观其行。当然，工程实践不只关涉建筑师一方，建设方的作用往往更为重要，这就需要将建筑师与业主的关系置于建筑师这个职业群体崛起的历史视野中进行审视，西方建筑师在文艺复兴时期实现了由匠人向人文主义者的转型，而中国建筑师的这个过程却是于近代在短时间内完成的，因此他们的自主性在生产实践中往往受到的牵制更大。童寯虽屡屡批评"大屋顶""中西合璧"式建筑，然而其南京国民政府外交部大楼工程实践中却有许多中式装饰，这样的结果童寯和几位合伙人都不满意，但却得到建设方和主流评论界的赞赏。在其自宅设计与建造中，他的意志终于得以全面贯彻，我们得以窥视它与建筑评论的另外一种关系。

研究童寯的建筑史写作，既要从历史编纂学的角度分析其编纂特点，也要考察其背后的历史理论预设，如其现代建筑史写作中表露出来的英雄史观、进步史观、科学史观，以及建筑描述中的形式主义美学观。这些史学观念既有传统中国史学的影子，也与19、

20世纪在西方占主导地位的历史学、艺术史、建筑史观念息息相关。考虑到近代建筑学科的移植特征，将同时期西方流行的建筑史文本与这些文本并置，就可以发现童寯的建筑史写作既有移植的特点，也有很强的本土实用性，如建筑史对建筑师设计实践的参考作用，建筑教育史对建筑教育改革的指导作用，这与中国传统的"以史为鉴""经世致用""知行合一"等观念息息相关。

研究童寯的园林史写作，既要从历史编纂的角度考察其层次、体裁、义例、程序、文笔，又要解析其历史写作背后的理论预设，如其江南园林研究在本体论上强调文人在园林建设中的主导地位，在认识论上推崇诗、画、园三位一体的园林认知，在方法论上体现的中西文化的互动。由于童寯、刘敦桢等学者在建筑界拉开了园林研究的序幕，他们的种种园林话语便流传下来，不断被引用、评论、重读，形成新的园林话语，并依靠某些方法、命题、规则、定义、技术和工具不断加以界定，形成建筑学科下的园林学科，只有通过这样的分析，我们才可以理解中国建筑界热衷于谈论园林的原因。

第五节　内容结构与时空范围

本书以童寯建筑写作为研究对象，通过史料搜集、多文本阅读、话语分析等研究方法，分类梳理其写作文本，并探讨其建筑观点与历史观念。本书采用"总—分—总"结构，先总体概述童寯建筑写作的基本情况，然后通过三个并列部分解析其建筑评论、建筑史写作、园林史写作，最后对全书进行总结。

　　从时间上来讲，童寯的建筑写作始于1930年出任东北大学建筑系教授时，出于教学需要，他完成了一些基础性写作；1931年始，他开始在上海从事建筑实践，在建筑师职业生涯中，他的写作也未停歇；1932年起，他开始为日后的各种史学著作进行现场调查、资料准备工作；1937年完成最重要的《江南园林志》；抗战期间他发表了一系列关于中国建筑特点、当下建筑实践中的风格取向方面的文章；1952年终止建筑设计实践后，他开始全心投入建筑历史理论研究，在"文革"后完成了大量建筑史文本，其中很多著作于1983年他病逝后出版。因此在研究其著作时，本书将会注意其特定的历史时期，并关注当时国内外的建筑思潮及史学观念。童寯的建筑写作（尤其是建筑评论）与他的建筑设计实践也有密切关联。童寯的建筑实践开始于1928年6月的美国费城，直至1930年回国。在沈阳期间他曾加入东北大学建筑系教师组成的合伙事务所，而后于1931年南下上海加入华盖建筑师事务所直至1949年解散，1949—1952年参加了赵深发起的"联合顾问建筑师工程师事务所"，1952年后基本终止建筑设计实践[1]。

　　从空间上来看，他写作的地点与他定居、工作的场所息息相关，主要包括沈阳、北京、上海、南京、重庆等地，但本书更关注

---

① 据杨德安回忆，20世纪50年代童寯的作品参与人民大会堂等项目方案征集，但均未被选中，无实际建成工程项目。具体参见：朱振通. 童寯建筑实践历程探究（1931—1949）[D]. 南京：东南大学，2006.

的是写作的空间。在为他发表、出版研究成果的学术团体和机构中，本书重点介绍了民国时期的《天下》月刊和《战国策》《公共工程专刊》三本期刊，对中华人民共和国成立后（尤其是改革开放后）的《南工学报》《建筑师》，以及出版童寯主要著作的中国建筑工业出版社等今天仍然运营且为人所熟知的高校学报、行业期刊、出版社则未予以详细介绍。在写作产品的类型中，本书涉及他的建筑评论、建筑史写作、园林史写作。园林研究一开始就具有多学科属性，建筑学科、林业学科，以及逐渐成形的风景园林学科对园林话题均有所涉及。对建筑学科而言，乐嘉藻的《中国建筑史》就已涉及"苑囿园林"和"庭园建筑"，在童寯、刘敦桢等建筑学者的努力下，园林已经成为与建筑密切相关的学问，时至今日，园林依然是建筑史教材中的重要章节，也是众多建筑师、建筑学者喜欢谈论的对象。因此，本书将童寯的园林史写作与建筑评论、建筑史写作并列为主要章节。在这三类写作产品中，本书重点关注公开出版发行的代表性作品，对尚未成体系的摘录笔记、个人日记、检查报告、来往书信等类型的写作文本虽有所涉及，但并未予以专题介绍。此外，童寯的写作还包括中国绘画史、日本绘画、中国雕塑史等研究笔记。绘画、雕塑一直是专业、独立，且远早于建筑学的学科，早期的建筑学科确实与这两个学科关系密切，尤其是在布扎体系的建筑教育中，绘画训练占有重要地位。而现代主义及之后的建筑学科与绘画、雕塑的联系相对较弱，绘画与雕塑的训练在当下建筑学科中已经在相当程度上被弱化了，笔者也未受过这些方面的专业训练，因此本书除了在园林部分对绘画和制图偶有涉及外，并无专门章节介绍这些内容。

第一章

童寯建筑写作概述

　　总体来讲，童寯建筑写作文本呈现出数量多、范围广、周期长、连贯性强的特点。其中几部建筑史和园林史著作，在历史编纂方面也各有特色。层次上，"述""作""论"三个方面均有涉及，但各个文本有所侧重；体裁上受《比较建筑史》影响，以词条式为主；义例上，建筑史文本侧重于设计分析，而园林史中的词条偏重历史沿革；程序上，建筑史写作主要依赖文献收集和整理；而园林史讲求二重证据；文笔上追求简洁精确的表达方式。童寯建筑写作的分类，无论以层次、体裁或篇幅为依据，都具有明显的局限性。而以写作的内容进行归类，分为建筑评论、建筑史、园林史等三大类型，则方便研究和写作。总体分期来看，除20世纪50年代外，其余时间均较为多产，70年代末至80年代初为创作巅峰，大量代表作在该时期产生。

第一节　写作特点

一、总体特征

总体上来讲，童寯建筑写作呈现四大显著特征：文本数量多、涉及范围广、写作周期长、各个时期写作的思想内容具有很强的连贯性。

1．数量多

童寯的建筑写作始于1930年，从1930年归国至1983年去世的五十余年间，他的写作数量极多。从四卷本《童寯文集》（2000—2006年）的收录以及其他单独出版物的情况来看，童寯共著有文章（包括未发表的手稿）七十余篇，著作十余部，此外还有大量绘画、摘录、笔记、书信等①。考虑到他在1952年之前还同时是一名建筑师（二十余年从事过四十多项工程设计实践项目），有这样的写作数量可以算是十分多产。

2．范围广

童寯是一位建筑通才，他的建筑写作涉及范围很广。比如，建筑史中涉及西方建筑史、苏联及东欧建筑史、日本建筑史、建筑

---

① 详见附录"童寯建筑写作目录"。

教育史、中国建筑史等不同地域和不同时期的内容；园林史包括中国园林、日本园林、欧美园林、西亚园林等各个地域的内容。这么大的写作类型跨度，在同时期的建筑学者中实属罕见，在专业极度细分的今天更是凤毛麟角。

3．周期长

童寯的很多写作文本，尤其是几部著作，都经历了较长的时间积累。建筑史方面，他从抗战期间（约20世纪40年代初）就开始查阅、摘录、研究相关材料，直至20世纪70年代末、80年代初，《新建筑与流派》《近百年西方建筑史》《苏联建筑——兼述东欧现代建筑》《建筑教育史》《日本近现代建筑》等著作才陆陆续续完成并出版。园林史方面，他从1932年开始调查江南园林，五年后完成《江南园林志》的写作，经过多年积累，直到晚年才完成另外两部园林史著作《造园史纲》和《东南园墅》，时间跨度之长，可见一斑。

4．连贯性强

写作周期长的一个结果便是内容和思想的连贯性较强。举例来说，童寯在1930年返回中国前的欧洲之旅中注意到当时欧洲的现代建筑，从那时起，他就开始关注西方现代建筑的发展，并不遗余力地提倡和实践这种"国际式"建筑。他在20世纪40年代建筑评论里体现出来的现代主义取向，一直延续到生命后期。甚至即使在相当长时间里无法公开倡导这种取向，他依然没有改变初衷，而是通过种种途径迂回地推动现代建筑在中国的发展。再比如他去世前完稿的《东南园墅》，其中的观点和20世纪30年代的《中国园林——以江浙园林为例》并无二致，其中的案例也与30年代的《江南园林志》大致吻合。可以说，童寯很早就确立了自己的建筑思想和价值取向，而且这些思想和取向在后面的漫长岁月里并未发生根本转变，表现出很强的连贯性。

二、历史编纂特征

以上是针对童寯建筑写作总体特征的简单总结，就其建筑史、园林史来讲，还可以进一步探讨其历史编纂的特征。

从编纂过程来看，一本史书的编纂至少包含层次、体裁、义例、程序、文笔等几个方面。层次关乎历史编纂者的写作在哪个层面展开的问题，中国古代学者将著书立说分为述（编述）、作（创作）、论（辑录、抄纂）三个层次，当代历史文献学家张舜徽将其分为著作、编述、纂辑三大类；体裁是历史编纂学的主要内容，是一部史书的基本结构形式，包括章节体、编年体、纪传体、纪事本末体等；义例是指体裁确定后，就历史材料的取舍、组织和表述等问题确定宗旨、原则和方法；程序是指选题、搜集资料、拟定体例、编写提纲、撰写初稿、修改定稿等一系列编纂程序；文笔则是指史书的语言表达。历史学家董恩林形象地以一座大楼的形成过程来比拟历史编纂，将体裁比作大楼的设计图，义例比作施工方案，编纂程序比作施工过程，文笔比作内外装修①。可以这么说，任何史书的书写都属于历史编纂学的范畴，历史编纂学不仅可以充分揭

---

① 此处引用了董恩林的相关研究，参见：董恩林. 历史编纂学论纲 [J]. 华中师范大学学报（人文社会科学版），2000，39（4）：122-127.

示史书的编纂过程，而且可以细致分析其编纂特点。

当然并不是每本史书在这五个方面都不同寻常，它们可能只是在某些方面特色鲜明，以《近百年西方建筑史》和《新建筑与流派》来讲，层次、体裁、义例是其最有特色的部分。以《江南园林志》来讲，层次、体裁、文笔是最值得关注的部分。由于这几部文本有较高的代表性，其他文本就不必在五个方面都一一展开了。

1．层次

从层次上来讲，童寯的历史写作文本在"述""作""论"三个方面均有涉及，但各个文本的侧重点有所不同。其建筑史文本，尤其是外国建筑史文本，均以辑录和编述为主，较少突出地表达自己的观点立场，而是将其隐藏在案例的选取和细节的叙述中，呈现一种客观的特征，可谓"述而不作"。在其园林史写作中，《造园史纲》也和前述建筑史文本一致，但《江南园林志》和《东南园墅》较为不同。《江南园林志》虽然名为志书，以"述""论"为主，然而兼有所"作"，其中不乏作者的创造性观点，如"造园三境界"等；《东南园墅》的原创性观点更多，而且更加鲜明，在"述""作""论"方面较为平衡。

2．体裁

从体裁上来看，几部建筑史文本和园林史文本都采用了章节体，这也是现代史书最常见的体裁。然而除此之外，在具体的编纂中，还有其他的体裁特点。举例来说，《新建筑与流派》《近百年西方建筑史》《苏联建筑——兼述东欧现代建筑》《建筑教育史》《日本近现代建筑》，以及《造园史纲》，其具体内容都是由一个个词条组成的，这种类似百科全书词条式的体裁应是受《比较建筑史》

的直接影响。《江南园林志》广泛采用了志书"述""记""志""图"等题材，而《东南园墅》则接近现代散文。

3．义例

从义例上来说，童寯建筑史文本中词条大多侧重于设计特点分析，而园林史中的词条则倾向历史沿革介绍。举例来看，《新建筑与流派》《近百年西方建筑史》《苏联建筑——兼述东欧现代建筑》《日本近现代建筑》这几部按区域划分的现代建筑史文本，它们的目的在于为现实中的实践提供某种参照，因此，除了基本信息如时间、地点、设计人之外，还包括材料、建造、设计特点、设计思想、历史意义（或历史定位）等内容。《建筑教育史》的目的是为中国建筑教育改革提供借鉴，因此，其中篇幅较长（通常也是最重要）的词条，除了基本信息如历史沿革外，还对其课程设置、教学思想、代表人物等细节一一介绍。在他的园林史文本如《江南园林志》和《东南园墅》中，造园的方法、特点、赏析大多在其他章节介绍，因此针对各个园林词条的介绍，主要偏向历史沿革，建立基本档案。

4．程序

从程序上来讲，童寯的建筑史写作主要依赖文献收集和整理；而园林史尤其是江南园林历史写作既依赖文献考证，同时又依赖田野考察。由于童寯成书的建筑史文本都是外国建筑史，在他之前，外国学者的研究已经比较充分；同时，完全依赖实地考察获取第一手素材也困难重重，因此，整合既有书籍、期刊等资料进行写作是可行且便捷的途径。事实上，这个资料准备的过程非常漫长，摘录小卡片是他在此期间的主要工作方式。他的园林史写作对象主要是江南园林，那时他的工作地点是上海，所以就近调查变得相对方便。因此，除了文献考证外，实地调查、测绘、摄影等也成为园林史写作前的重要资料积累手段。

5．文笔

字数少是童寯著作的鲜明特征。建筑史方面，《新建筑与流派》十三万余字，《近百年西方建筑史》十二万余字，算是字数最多的两部书籍；《苏联建筑——兼述东欧现代建筑》《日本近现代建筑》《建筑教育史》均在十万字以下。园林史方面，《造园史纲》四万余字，《江南园林志》不到三万字，《东南园墅》（中文版）不到两万字。这一方面是因为这些历史书籍都是简史，只关注代表性案例和事件，除此之外的案例要么简要概述，要么干脆不提。另一方面是因为童寯的文笔一贯追求简洁精确，不喜欢繁复冗长的表达方式，用简洁的文笔传递明确的思想是他写作的典型风格。

第二节　文本分类

一、分类方式

如上节所述，童寯的建筑写作数量多、范围广，如何有效地进行分类以方便研究，就成为一个问题。从编纂的层次来分类，可以辨别哪些部分是摘录的，哪些部分是编述的，哪些部分是以创作为主的。这样分类的意义在于了解他的真正贡献之所在，但同时，在一部文本中，往往是这三个层次都有所涉及，交织在一起，因此分类的可行性较差。如果从编纂的体裁来分类，可以将这些文本划分为史论、志书、散文等，讨论其不同体裁写作的各自特征。这样的分类方式有助于探讨不同体裁下的词句运用、修辞手法等，但对于探讨其建筑思想，以及这些思想背后的话语基础，意义相当有限。此外，还可以以字数来分类，根据字数多寡，将文本分为短文、长文、书籍等，分析他对哪类话题着墨最多。这样的分类在某个文本中显然是有效的，可以表明童寯对哪些内容比较重视，哪些内容相对忽略。比如在西方近现代建筑史中，就建筑师而言，四大师占了最多篇幅；在建筑教育史的叙述中，对法国和美国着墨最多；在江南园林的研究中，苏州园林，尤其是拙政园，字数最多。但是这样的分类方法不适合全部的文本，比如园林研究的字数远远少于建筑史的字数，但这并不能表明他对园林的重视程度小于现代建筑。

综上所述，从编纂的层次、体裁或篇幅进行分类，都有一定理由，但同时也有相当缺憾，可行性较差。因此，本书最终选择就写作的内容进行归类，如建筑评论、建筑史、园林史等，对每一类内容进行专题考察。这样分类的优点在于，可以针对每种写作产品类型的独有特征进行细致研究，如建筑评论最重要的是评论的价值标准，建筑史和园林史最重要的是写作背后的历史观念，而这些观念在不同的产品类型中又有不同的表现。当然，按照内容分类也有缺点，比如过于重视不同内容的自主性，忽视不同产品类型的联系或统一性，本书最后一章对此进行了探讨，指出，以上三种产品类型其实具有很多共性，因为他们都是建筑师的写作文本，所以基本呈现出实践导向、形式主导和现代性追求的共有特征。

二、产品类型

1.建筑评论

建筑评论是指对建筑和建筑现象、建筑赖以存在的社会环境，对建筑师的创作思想、设计和建造、建筑演变过程的鉴别和评价。按这个定义去查找童寯的建筑写作文本，可以发现他在20世纪30—40年代先后发表了几篇关于抗战前流行一时的"中国古典复兴式"建筑的文章［如《建筑艺术纪实》(*Architecture chronicle*)、《中国建筑的特点》、《我国公共建筑外观的检讨》等］，这些是典型的针对特定风格、潮流、现象的建筑批评。同时期的《中国建筑的外来影响》(*Foreign influence in Chinese Architecture*)既是建筑史研究，又隐含着对建筑演变过程的评价，因此也可纳入建筑评论的范畴。此外，他在20世纪70年代还写过两篇针对西方建筑和建筑经济性问题的文章（如《应该怎样对待西方建筑》和《建筑中的经济问题》），这是针对当时过度激进的建筑运动和建筑政策的评论、反思和建议。本书在第二章中，从建筑评论的内容、写作空间、评论对象、评论的范畴与标准、评论与工程设计实践的关系等各个层面对这六篇建筑评论展开深入研究。

2.建筑史

建筑史是对建筑物或建筑活动历史的考察，是童寯建筑写作的主体部分。按照写作对象来分，可以分为各个国家和地区（如以西欧和北美为主的西方、前社会主义苏联和东欧国家、日本、中国等）的建筑史和建筑教育史。童寯是一个世界主义者，他对世界各国的建筑和文化始终保持着一种开放态度，尤其是对起源并壮大于西方的现代主义建筑充满向往，这非常明确地体现在他的建筑史文本中。同时他也特别关注现代主义建筑在非西方地区（如苏联和日本）的传播和发展，并希望从这些国家和地区的现代建筑进程中学习经验、汲取教训，为中国现代建筑的发展提供某些参考。本书第三章从历史编纂学和历史理论的角度对他的建筑史文本展开分析，一方面展示这些建筑史文本的编纂特点和过程，另一方面考察这些文本背后的本体论、认识论、方法论、实践观等。

3．园林史

园林史是对园林或造园活动历史的考察。从地域划分来看，童寯的园林史写作涉及世界园林史（《造园史纲》）和中国园林史（《江南园林志》和《东南园墅》）两类，后者处于主导地位。从20世纪30年代初开始，童寯就开始进入这一领域，通过实地调研、测绘、拍摄和广泛的传统文献研究，花费五年多业余时间，编纂出中国建筑界第一部系统研究江南园林的著作，并且在此后的生命中一直保持着对园林的关注和热爱，他在去世前最后校阅的也是关于江南园林的文稿。本书第四章以《江南园林志》《东南园墅》《造园史纲》这三部园林史代表文本为讨论对象，一方面从历史编纂的角度考察三部文本编纂的过程和特点，另一方面从历史理论的角度解析童寯园林史写作背后的本体论、认识论、方法论和实践观等理论预设。同时还将这些文本与其他园林学者及文化界人士如乐嘉藻、陈植、林语堂、刘敦桢等的相关文本并置，讨论童寯园林研究的内容来源、话语基础与写作特征。

第三节 写作分期

　　分期与断代是历史写作的基本问题，18世纪中期开始浮现的专业艺术史研究就开始注意历史分期了。温克尔曼（Johann Joachim Winckelmann）的《古代艺术史》（*Geschichte der Kunst des Alterthums*）把艺术看作一种生命体，具有特定的产生、发展和衰落的演变过程。在他关于希腊艺术发展演变的论述中，温克尔曼用远古风格、宏伟或崇高风格、优美风格和模仿者风格四种风格来划分希腊艺术，并分别对应其演进的四个阶段——创始期、发展期、成熟期和衰落期。从此，这种生物学类比的分期方式就成为艺术史研究的一种传统。从生命周期来看，确实存在出生、成长、成熟、衰亡等普遍性生物学阶段，但历史并非总是这样均质地线性发展。事实上，历史的发展非常复杂，它有可能是突变的，有时还有可能存在某种回溯现象，这样的生物学类比就显得过于简化和庸俗了。

一、总体分期

　　回到本书的主题——童寯的建筑史写作，从整体发展来看，并不能简单地用这种生物学类比来概括。如前文所述，连贯性是童寯建筑写作的基本特点。他在20世纪30年代写作文本中体现出来的观点和思想，一直到80年代初都没有太多变化，可以说他的建筑思想成熟得很早，持续的时间很长。

从写作数量来看，他从20世纪30年代起开始写作，30年代、40年代、60年代、70年代一直到去世，都比较多产。相比之下，50年代成稿的文本屈指可数，这或许与该时期政治变幻、身体多病、妻子去世等事件的影响有关。他写作的高峰时期是20世纪70年代末（改革开放）至80年代初，这个时期是他生命的末期，他一生积累的知识与思想，在这个时期得以充分总结，并成文发表。同时，该时期骤然宽松的政治环境和学习知识的社会热潮形成一派欣欣向荣的文化景观，这为他提供了良好的外部社会环境。《新建筑与流派》《近百年西方建筑史》《苏联建筑——兼述东欧现代建筑》《建筑教育史》《日本近现代建筑》《东南园墅》《造园史纲》等重要著作都完成于这一时期。

二、分类型分期

1. 建筑评论

童寯的建筑评论写作分为两个阶段，第一阶段为20世纪30年代中期至40年代中期，与抗战时期的时间点基本吻合。这个时期，其主要评论对象是战前中国建筑设计实践中的"中国古典复兴式"建筑，在这些评论中，他屡屡批评这种复古的取向，呼吁走向"国际式"现代建筑。第二阶段是20世纪70年代，处于"文革"时期。与前一时期不同的是，这一时期的评论没有发表，也没有明确反对或提倡某种建筑风格，这显然是由该时期紧缩的言论环境所致。但是通过反思当时某些严重错误的建筑现象，他呼吁要尊重科学事实，主张学习西方现代建筑的工程技术和力学计算，隐含着对现代主义建筑价值观的提倡。

2．建筑史

童寯的建筑史写作也分为两个阶段，第一阶段是20世纪30年代初，此时写作是出于教学的需要；第二阶段是20世纪60年代初到80年代初，此时的写作面向的对象范围更广，以向中国建筑界介绍世界各国现代建筑、建筑教育发展状况为主。第二阶段又可分为准备期（20世纪40年代至60年代）、成型期（20世纪60年代至70年代中）、定型期（20世纪70年代末至80年代初）。准备期主要是指收集资料时期；成型期以《给中青年教师讲话提纲》《近百年新建筑代表作》《资本主义社会统治者的建筑方针》《苏联建筑年鉴》《苏联建筑教育简述》《外国建筑教育》等文章和报告为主要工作成果；定型期以《新建筑与流派》《近百年西方建筑史》《苏联建筑——兼述东欧建筑》《日本近现代建筑》《建筑教育史》等书籍为代表，这些也是童寯在建筑史领域的代表性文本。

3．园林史

童寯的园林史写作亦分为两个阶段，第一阶段为20世纪30年代初至抗战前，以《江南园林志》的完成为标志；第二阶段为20世纪60年代中至80年代初，以《东南园墅》《造园史纲》的完成和出版为标志。该阶段的工作主要建立在第一阶段的基础上，其中重要的园林考察和思想观点，均在第一时期出现过，只是有些方面更加细化。如60年代中期的《亭》一文便是对《江南园林志》中相关内容的深化研究，《东南园墅》一书是30年代《中国园林——以江浙园林为例》和《江南园林志》的结合。

第四节　历史脉络

　　研究童寯的建筑写作，不可能脱离其写作和生活的社会环境。当时的重大历史事件、重要思想人物和文化思潮当然会对他的写作有所影响。在这些纷繁复杂的历史脉络中，传统与现代、西方与中国等一系列关系经常成为重要的讨论话题，这自然与中国从传统帝国走向现代民族国家的大背景息息相关，同时也涉及学科移植、思想争鸣、现代性论述等层面。

一、民族国家的建立

　　传统与现代、西方与中国等关系体现在国家层面，就是近代中国由专制帝国的"天下"向民族国家的转型。民族国家的建立既需要学习西方的政治体制，也需要挖掘本民族固有的文化元素来建立民众的国族认同以及政权的合法性，这在近代中国城市规划和建筑设计中有鲜明的表现。比如孙中山在《实业计划》（1920年）中设想通过兴建港口、铁路、公路、城市和房屋来实现中国的现代化，此后城市规划与建设就与民族国家的现代化紧密相连。近代中国城市规划与建筑设计领域的显著特点便是政治主导，大量规划与建设项目的背后都有国家的主导和干预，国家意志在这些规划建设中往往起关键性作用。比如南京的《首都计划》（1929年）确立了欧美科学方法和民族固有艺术相结合的原则，试图通过巴洛克式城市形态和"中国古典复兴式"建筑，将南京建设为堪比华盛顿的中国首都。在具体实施过程中，政府是主要的推动力量，同时政治集团内部的权力斗争也是制约其顺利实施的重要因素。

阿尔都塞在其《资本主义再生产：意识形态与意识形态的国家机器》中将马克思主义经典作家的国家理论进一步细化，区别出强制性国家机器和意识形态国家机器两种实体。强制性国家机器主要靠暴力发挥其功能作用（至少在终极意义上如此），包括政府、行政机构、军队、警察、法庭、监狱等。意识形态国家机器则主要以意识形态的方式发挥其功能作用，包括宗教（各种教会系统）、教育（各种公立和私立学校系统）、家庭、政治（政治系统，包括各个党派等）、工会、传播媒介（出版、广播、电视等）以及文化（文学、艺术、体育比赛等）等。而每一种国家机器，无论是强制的还是意识形态的，都是既用暴力手段也用意识形态方式来发挥其功能作用的。他同时指出，一个阶级掌握政权的同时往往争取将意识形态国家机器置于自己的控制之下以行使自己的霸权，而被剥削阶级也经常能够找到各种方法和时机（如利用统治阶级内部矛盾或在论战中击败其论点等）对意识形态国家机器进行抵抗。

理解了这些，我们才能在历史研究中破除建筑自主性的迷思，这种迷思在不同时空下表现为对形式组合的推崇、对空间设计的信奉、对材料建造的痴迷，并将这些出自建筑学科的特定技艺认定为建筑形成的主导因素。这种迷思下的建筑史研究就成了建筑自主生命演化的形式主义论述。尽管建筑的形成的确以其设计原理和建造手段为前提，然而其最终实现则是受一系列因素如基地环境、法律法规、社会文化、客户喜好等推动的结果。

事实上，建筑不仅是三维（或四维）物理空间上的操作或纸面上的书写，它更是一种象征性空间的实践，这种观点无疑受益于列斐伏尔的《空间的生产》。列斐伏尔从空间细分的角度来研究社会生产实践逻辑，在他看来，空间产生于有目的的社会实践，是社会关系的产物，它不仅表现了各种社会关系，而且同时也作用于这些关系。为此他提出了"空间三元辩证法"，即空间的实践（spatial practice）、空间的表征（representations of space）和表征性空间（representational space）。空间实践是指空间性的生产，空间的表征是抽象的、概念化的空间，表征性空间则指向被空间的表征统治的空间，一种反抗统治秩序的空间，与社会生活隐秘底层相联系的空间，通过对三种空间关系的研究，一些隐藏在物质空间背后的生产逻辑就会浮现出来。

二、学科移植

传统与现代、西方与中国等关系在学科领域的讨论则涉及近代中国学科建设的移植特征。中国学科的移植始于清末，持续至今，学科移植不仅体现为西方学术团体在中国创业的事实，而且体现在中国留学生将西方学科引入中国教育体制的努力中。正是在移植的过程中，西方学术话语成为教学科研的主流。以历史学科为例，旧时代士大夫出身的梁启超在其《新史学》中以西方现代史学为标准，对中国传统史学进行了系统反思。他认为中国传统史学有四大弊端——知有朝廷而不知有国家、知有个人而不知有群体、知有陈迹而不知有今务、知有事实而不知有理想；由这四种弊端，又生出两种病害——能铺叙而不能别裁、能因袭而不能创作；合此六种弊病，又产生了三个恶果——难读、难别择、无感触。按照他所理解的西方民族国家历史学，他提出了新史学，认为历史应该叙述进化之现象、叙述人群进化之现象、叙述人群进化之现象而求得其公理公例。

再以建筑史学科为例，近代中国建筑院校不仅全盘引进了西方学者对欧美建筑史的主流论述，还积极关注海外汉学家对中国建筑艺术的研究，并把这些学术方法和成果应用于中国建筑史的研究中。正如萨义德在《东方学》中借用马克思的话："他们无法表述自己，他们必须被别人表述。"萨义德认为欧美的东方学研究通过做出与东方有关的陈述，对有关东方的观点进行权威裁断，不仅构筑了一套言说东方的知识体系，而且作为支配性话语影响着东方知识分子对自我文化的认知。在《文化与帝国主义》中，他指出这种文化认知往往要么体现为殖民主义的西方中心主义，要么滑向与西方对抗的本土民族主义。前文提到的赵辰的研究成果就揭示了梁思成在中国建筑史研究中移植自西方的古典主义建筑理论体系和其对抗西方中心主义的民族主义动机。

三、思想碰撞

传统与现代、西方与中国等关系体现在知识分子身上，从群体来讲便是各种学术思潮的流行和学术观点的论战，从个体来讲，则是不同学术观点在个人思想中的冲突和融合。杜维明在《现代精神与儒家传统》中认为，近代以来，中国知识分子对西方的态度经历了从被动适应到主动认同的过程，开始是军事技术的引进，随后是政治制度的变革，最后是思想文化的革新。然而"五四"一代只是强调科学与民主，尤其是科学，却排除了其他西方精神资源如基督教，这种明显的科学主义倾向是孔德实证主义影响的结果，孔德认为人类文明的发展经历了从宗教（神学）到哲学（玄学）再到科学（实证）的三个阶段，科学是现代文明的最高典范。

"五四"是一个文化矛盾的年代，每个人都呈现出多面相且经常变化的状态。"五四运动"固然有反传统的方面，受到前一代学者推崇的进化论、变法、革命等源自西方社会政治思想的影响，但不单单是汤因比（Arnold Toynbee）或费正清（John King Fairbank）所谓"刺激—反应"的结果，它同时也深受清代学术发展的影响，清代发达的考证学挖掘了传统中非正统的思想，为"五四"的思想运动创造了条件。举例来讲，顾颉刚的"古史辨伪"便来自康有为、章太炎的古今文之争；胡适的《中国哲学史大纲》综合了康有为、章太炎考经论子的方式；鲁迅"吃人的礼教"则是被章太炎重新发现的清代戴震"以理杀人"的翻版，其对阮籍、嵇康等非正统士人的推崇也来自章太炎对魏晋文章的推荐。

如果说"五四"时期的现代化目标几乎可以和西化画上等号的话，"二战"后东亚经济陆续起飞的事实则证明现代化具有多元的倾向。杜维明认为西方的现代化确实在历史上引发了东亚的现代化，但并没有在内容上规定东亚现代性的内容。马克斯·韦伯（Max Weber）《新教伦理与资本主义精神》（*The Protestant Ethic and the Spirit of Capitalism*）的观点只适用于西方，东亚现代化是西化和包括儒家传统在内的东亚传统互动的结果。

四、现代性论述

通过以上简要陈述，国家建设、学科移植、思想碰撞三个方面所涉及的传统与现代、西方与中国等一系列关系并非只是简单的二元对立，而是多面复杂、变化交融的矛盾状态，这在后文中也会有鲜明的体现。与此同时我们必须注意到，所谓西方，其本身也并非一个固定的他者形象，其学术潮流不仅随着时间变化而有所不同，而且在同一时期内，也有横向的差异。

希尔德·海嫩在《建筑与现代性：一种批判》中就指出不同学者、建筑师对现代性的不同理解。从词源学角度来看，现代（modern）一词有三层含义，分别是当前的（present）、新的（new）、暂时的（temporary）。她认为现代性可以有两种区分方式，一种是纲领性和瞬时性的区分，前者以哈贝马斯①（Jürgen Habermas）和马克斯·韦伯为代表，他们关注现代性的纲领性计划一面，认为现代性特征由一种在科学、艺术和伦理世界中不可逆转的自主性趋势所赋予，与此同时，现代性计划可以为日常社会生活建立理性的组织。后者则以波德莱尔和鲍德里亚②（Jean Baudrillard）为代表，他们认为现代性是暂时的，稍纵即逝的，与传统相对立的文明模式，它以变化和危机为价值标准。另一种区分

---

① 哈贝马斯（1929—），是德国当代哲学家，历任海德堡大学、法兰克福大学教授、法兰克福大学社会研究所所长以及德国马普协会生活世界研究所所长，是西方马克思主义中法兰克福学派第二代的中坚人物。
② 鲍德里亚（1929—2007），法国作家、哲学家、社会学家，对"消费社会理论"和"后现代性的命运"的研究卓有建树。

是田园式与反田园式，前者以柯布西耶（Le Corbusier）为代表，后者以阿道夫·路斯（Adolf Loos）为代表。田园式观点将资产阶级现代性与现代主义美学现代性捆绑在一起，政治、经济和文化联合在一面旗帜下，形成和谐、持续的进步。如柯布西耶的"伟大的时代已经开始……"，反田园式的观点则认为现代性的特征来自无法弥合的分歧和不可调和的冲突，来自各个领域的自主性趋势。例如路斯在他的设计中抛弃了虚幻的和谐，而特别注意内在个性与外部形式的区分，凸显出某种不连续性和分裂的瞬间。

第二章

话语竞争：
童寯的建筑评论

　　童寯一生写过很多文章，其中不乏评论当时国内建筑思潮、建筑实践以及建筑方针政策的内容。经本书统计，这些文章包括1937年和1938年先后发表于《天下》月刊的《建筑艺术纪实》及《中国建筑的外来影响》，1941年发表于《战国策》的《中国建筑的特点》，1946年发表于《公共工程专刊》的《我国公共建筑外观的检讨》等。这几篇文章均为相关刊物约稿而作，篇幅简短，字数两三千不等，主要内容是批判"中国古典复兴式"建筑，提倡"国际式"风格。除此之外还有一些未正式发表的手稿，如1970年的《应该怎样对待西方建筑》和《建筑中的经济问题》，这两篇手稿篇幅更短，字数在一两千左右。由于处于敏感的"文革"时期，手稿并未直接反对或提倡某种建筑风格潮流，但通过对当时建筑发展政策与实践的反思和建议，在字里行间依然可以看出童寯对发展"国际式"建筑的坚持。

童寯建筑评论写作统计

评论文章	发表时间	发表刊物	发表途径	写作语种	字数	评论内容
《建筑艺术纪实》	1937年10月	《天下》月刊	约稿	英文（中文版由李文夏译，汪坦校）	约1500词（英文），中译约2200字	批判"中国古典复兴式"建筑，提倡"国际式"建筑
《中国建筑的外来影响》	1938年5月	《天下》月刊	约稿	英文（中文版由李文夏译，汪坦校）	约2900词（英文），中译约3700字	中国传统建筑受其他建筑文化的影响，间接提倡"国际式"建筑
《中国建筑的特点》	1941年（1940年完成）	《战国策》	约稿	中文	约2200字	中国传统建筑在不同时代的优缺点，并间接批判"中国古典复兴式"建筑
《我国公共建筑外观的检讨》	1946年	《公共工程专刊》	约稿	中文	约3100字	批判抗战前的"中国古典复兴式"建筑实践，提倡"国际式"建筑
《应该怎样对待西方建筑》	1970年	无	未发表	中文	约2300字	应以何种态度和方式对待西方建筑，应学习和批判西方建筑的哪些方面；间接提倡"国际式"建筑
《建筑中的经济问题》	1970年	无	未发表	中文	约1400字	如何实现建筑的经济性，并平衡建筑的经济性与安全性

第一节　建筑评论的内容

一、《建筑艺术纪实》

《建筑艺术纪实》一文最初于1937年10月以英文发表于《天下》月刊。这篇文章集中批判了当时流行的"中国古典复兴式"建筑的大屋顶问题。

文章开头就将中国建筑的大屋顶生动地比作中国男人的辫子。辫子本是清朝征服中原强加给汉人的奴役标志，后来却成为中国男人梳妆中最重要的内容，并变成引以为豪的东西，可是辫子虽然别致，却没有丝毫用处。

"中国建筑比诸辫子，并不稍逊别致，却也属过时之物，但却被借用于现代房屋之上，曾是无可避免的弊病，后来却成为中国建筑艺术中占主要地位的标识。直至现代设计和建造方法在中国出现之前，这种屋顶的显赫地位一直未成问题。可是中国式屋顶盖在最新式的结构之上，看上去不无如辫子一般累赘多余，奇怪的是，令人见视者为荒谬可笑，但中国屋顶仍竟受到赞美。"[①]

中国式大屋顶正如男人的辫子一样，虽然别致，但也过时

[①] 出自《建筑艺术纪实》，详见：童寯. 童寯文集（第1卷）[M]. 童明，杨永生，主编. 北京：中国建筑工业出版社，2000.

了，然而它们偏偏被安放在现代建筑的屋顶上，并广受赞美。作者嘲讽这样的做法为"把辫子放到死人身上使之复活"，不过是一种"整容术"一般的权宜之计。

这种"中国古典复兴式"建筑起初出现于教会大学、医院等建筑上，代表着外国人对中国古典建筑的浪漫想象。后来又出现在中国建筑师设计的大量政府公共建筑中，如华盖事务所设计的南京国民政府铁道部大楼扩建工程等。作者反对这种做法的首要原因是经济性，如果不盖大屋顶会节约很多造价，而且在这种建筑周边扩建也往往需要使用大屋顶与之协调，这必然造成更大的经济问题。

其实作者并不反对大屋顶本身。相反，他认为按中国古代传统与习俗，在寺庙、茶亭、纪念堂等建筑上放个大屋顶并无不合理之处。作者反对的是在按照现代设计的大大小小房屋上都放置大屋顶的做法，比如那些按照现代要求设计室内，而用中国式大屋顶做外观的建筑。

批判完这种现象后，作者列举了几种中国式建筑可能的做法。首先是瓦屋顶与平屋顶结合，如上海图书馆、上海博物馆、上海中山医院及医学院等。在作者看来，这种做法是对教会"中国古典复兴式"的改进，但是他同时指出，这类建筑在边疆地区的传统建筑中非常广泛，并不算多么创新的做法。其次是放弃大屋顶，只在栏杆、檐口等处做中国式细部装饰，如南京国立艺专、南京审计局。但是他同时指出，当建筑物增高，窗户重要性增大时，屋顶和基座的重要性就减弱了，因此往往只能在视线可及的入口大门处做中国式细部装饰。在此，作者更进一步指出，大屋顶已经过时，平屋顶既不浪费下部空间，还提供了上部空间，是最佳的选择。

"现代建筑物作为一种投资，可以建造得经济实惠，在用低造价谋取更大使用空间方面，平屋顶能很好地满足要求，这一点已日益被人们所接受。不论天才们怎样把平屋顶与中国建筑艺术糅合成一体，或是如潮流所向分道扬镳，寺庙式屋顶肯定已经过时。"[①]

在文章的最后，作者指出，随着机器文明的普及，建筑设计将越来越走向标准化的"国际式"建筑，其平面是合理和科学的，其立面也必然是现代主义的。中国古典建筑艺术除了表面装饰，别无他物可以为现代建筑采用，任何赋予建筑地方色彩的意图都需要有结构意义上的创造，而中国古典建筑正是在结构上为古代寺庙提供了独创性的解决方案。

二、《中国建筑的外来影响》

《中国建筑的外来影响》于1938年5月以英文发表于《天下》月刊。这篇短文简要论述了中国建筑受到的外来影响，如"希腊—印度"建筑艺术的影响，以及明代之后，尤其是鸦片战争后受到的欧美建筑风格的影响。同时作者遗憾地指出中国从印度及西方获取较多而向其输出甚少，所输出的也不过是建筑装饰，而非结构精髓。

文章按照从古至今的时间顺序列举了寺庙（洛阳白马寺）、琉璃瓦、人像柱浅浮雕（武梁祠）、石狮（四川高颐阙，作者怀疑其

---

① 出自《建筑艺术纪实》，详见：童寯. 童寯文集（第1卷）[M]. 童明，杨永生，主编.
北京：中国建筑工业出版社，2000.

与亚述翼牛相关)、石窟里的"希腊—印度"风格雕塑及柱式、六朝陵墓里的石纪念柱、佛塔、唐代各种外来宗教建筑、"希腊—印度"题材的须弥座、拱券、牌楼、宋元时期的清真寺(刺桐城)、明代澳门的教堂、清代广州的商行、清代扬州园林和圆明园里的西洋式建筑以及鸦片战争后的上海城市建筑。

接着作者总结道:

"在建筑上,中国从印度和西方获取较多而惠予甚少。即如大和尚玄奘在印度游历十六年,并不曾给印度建筑艺术作点滴贡献,却很有意识地带回众多事物,包括大雁塔设计。除了对朝鲜和日本建筑的某些方面有过影响外,中国建筑几乎没有经历过成批移植。威廉·钱伯斯爵士①是第一个为中国建筑艺术所陶醉的欧洲建筑师,不过塞缪尔·约翰逊对他泼了冷水。尽管在钱伯斯的热情和法国耶稣会教士的努力下,中国建筑除了让僵硬的英国花园多少活泼些外,只是在家居领域做了些适度的触动。"②

以上这些案例表明中国建筑从古至今均和印度及西方保持着千丝万缕的联系,从印度和西方引进了不少建筑类型、建筑材料及工艺、建筑装饰形式,这些外来影响和本土建筑文化不断融合,从而形成了当下我们所看到的中国建筑。而反过来看,中国建筑除了

---

① 威廉·钱伯斯(1723—1796)爵士,英国乔治时期最负盛名的建筑师,帕拉第奥式建筑的先导者。16岁时入瑞典东印度公司工作。曾到过广州、巴黎、罗马,1755年回到英国,任威尔士亲王的建筑师,后为乔治三世的宫廷建筑师,著有《中国园林的艺术布局》和《东方造园泛论》,对中国园林倍加赞赏,并主张在英国园林中引入中国情调的建筑小品增添情趣,形成如画式园林。

② 出自《中国建筑的外来影响》,详见:童寯. 童寯文集(第1卷)[M]. 童明,杨永生,主编. 北京:中国建筑工业出版社,2000.

对朝鲜、日本的影响较大，对印度和西方影响很小。西方对中国的学习非常浅薄，仅仅停留在装饰艺术层面，却忽略了中国建筑的精髓在于其结构而非装饰，中国工匠从不牺牲结构去做装饰。

三、《中国建筑的特点》

《中国建筑的特点》成文于1940年，发表于《战国策》1941年第8期。文章以中西对比的方式探讨了中国建筑的结构特点、装饰特征和平面布置，并在最后讨论了在近代科学、材料发展的条件下，中国古典建筑的缺陷以及未来发展的道路。

中国建筑的第一大特征就是木作结构，很多砖石结构也是脱胎于木结构。木结构如鸟笼般轻盈剔透，而且墙倒屋不塌。西方建筑主要是墙体承重的砖石结构，像兽穴般沉闷，但是西方建筑在近代已经进化为以钢铁水泥为主要结构材料的柱承重体系，大有前途。中国古代建筑与西方近代建筑的结构类似，但中国式建筑如果也以钢骨水泥为材料，其外观不可照抄古代建筑，而是必须时代化，只需要在装饰上做点东方点缀即可。中国古代建筑在结构上的第二大特征就是外露的大屋顶，这既有木作结构的原理，也有排水功能。西洋建筑的美观只能到达墙头，屋顶往往用女儿墙遮挡，像伦敦圣保罗教堂那样露出大穹顶的建筑比较少见。西洋近代钢骨水泥建筑也是不露出屋顶的，以中国建筑的眼光来看，这种建筑就像是无头妖精。在建筑装饰方面，中国建筑上的油漆彩画不仅富丽堂皇，而且重要的是起到了保护木结构的作用，这点只有法国几个大教堂的颜色玻璃窗可以媲美。在平面布局方面，中国建筑对称布局，且以正厢分宾主，再加上连廊、园林的连接，非常舒适。西洋建筑虽也讲究对称布置，但其房间的重要性按楼层确定，并无正厢之别。

作者认为中国建筑的以上这些特点在近代科学发达之前确实是优点，然而随着钢筋水泥的盛行、精密计算的普及，这些特点都变成了缺点。结构上，木结构不能防火、抗震、抗炸，完全不适用于现代；大屋顶采光差且浪费空间。装饰方面，彩画在坚固的钢骨水泥上并没有用处，反而像是金身上贴膏药。平面布局方面，利用游廊组织交通极度浪费空间，既不适用于小家庭的住宅，更不适合集约化的办公楼。因此，作者评价教会大学、教会医院的"中国古典复兴式"建筑为"穿西装戴红顶花翎，后垂发辫，其不伦不类，殊可发噱"。

那么中国建筑应该向什么方向发展呢？作者认为，建筑需要随着物质文明的进化而进化，中国建筑应该融入世界建筑的潮流，成为世界建筑的一部分。

"……中国人的生活，若随世界潮流迈进的话，中国建筑自也逃不出这格式，我们若拿着一九四零式汽车来看建筑物，不但中国式的建筑不合现代需要，即使五年前所造的西洋立体式房子，今天也不时髦……中国建筑今后只能作为世界建筑的一部分，就像中国制造的轮船火车与他国制造的一样，并不必有根本不同之点……"[1]

---

① 出自《中国建筑的特点》，详见：童寯. 童寯文集（第1卷）[M]. 童明，杨永生，主编. 北京：中国建筑工业出版社，2000.

但同时，他认为既然古代中国建筑能在木结构上做出独特的贡献，并且在佛教的冲击下非但没有失去特色，反而变得更加典丽，那么中国建筑也一定可以在钢筋水泥上创造出另一个黄金时代，到那个时候，观者不知不觉也能认识到这（即中国建造的钢筋水泥建筑）是中国特色的建筑。

四、《我国公共建筑外观的检讨》

《我国公共建筑外观的检讨》于1946年发表于《公共工程专刊》，文章阐述了在抗战胜利后的公共建筑工程中外观设计的原则，批判了战前的"中国古典复兴式"建筑（即文中的"宫殿式洋房"），并探讨了几种中国建筑的可能性。

文章首先肯定了中国传统建造模式在古代中国的合理性。石础须弥座是为了保护木质柱脚，宽大出檐是为了保护柱身及门窗，斗拱是为了支撑宽大的出檐，油漆彩画也是为了保护木材。这时作者笔锋一转，指出这些做法不再合乎时宜：

"……但是时代不同了，20世纪的物质文明逼迫着人类趋向标准的新做法。如果新的建筑做法全以木材为标准，那么我相信中国旧式建筑制度，会在世界上发扬光大，直有如目下吉普车在任何地方都风行一样，中国的建筑师更应毫不迟疑地引用古人陈规。其中也许参加些新学理和计算，但大体上只要有无尽的森林来供采伐，唐宋淳朴建筑规例已足够我们遵循。无如现代建筑标准早已趋向钢铁水泥，而建筑内部布置亦日益讲求集中紧凑的平面，且有时需要多层的高度。在这种情形下，中国木作制度发生根本动摇。旧式一层正厢天井多进的平面布置，显然太散漫而不方便。因此各都市新兴的公私建筑，实难怪采用西式……"①

作者认为20世纪的物质文明会产生全球性的新标准新做法，这种现代建筑标准就是钢铁水泥的材料、集中紧凑的平面、多层的高度，在这种情况下，中国的木作制度发生了根本的动摇，不再适宜当下建筑。

木作制度和钢铁水泥唯一的共同点就是"架子式"的结构原则，但是据此而用钢铁水泥模仿木作，会产生诸多不合理之处。首先是用料浪费（如水泥模仿木梁、柱、屋架），其次是画蛇添足（如在水泥梁柱上做彩画，在平屋顶上做瓦屋面），再次是阻碍功能（如将门窗做成密集纹样，使一半光线难以通过）。战前教会建筑的"传统复兴式"不过是不知中国建筑精粹的西方人的做法——将大屋顶移植到西式堆栈上，这种做法和在钢骨水泥的现代建筑上贴一层希腊、罗马古典外衣没什么两样，都是过时的。反观边疆如青海康藏等地，有很多平屋顶建筑或坡屋顶平屋顶组合的建筑，都带有浓郁的中国味道，这种建筑外观值得在公共建筑中酌情采用。

随着钢骨水泥的风行，各国家地区的建筑趋向一致，其地方特色大为削弱，但也有些微妙不同之点存在，表明不同国家的性格。中国的公共建筑不能脱离公认的标准，自然也不容易做出微妙的差别或轰轰烈烈的创作。因此，作为较贫弱国家的中国，其公共

---

① 出自《我国公共建筑外观的检讨》，详见：童寯. 童寯文集（第1卷）[M]. 童明，杨永生，主编. 北京：中国建筑工业出版社，2000.

建筑在不铺张浪费的原则下，只要经济耐久、合理适用，就是莫大的贡献。

结尾作者还建议政府应该对城市街道两侧的建筑外观加以管理，以配合公共建筑的魅力庄严。各公共建筑，尤其是车站、剧院、会堂等处均应设置广场，既方便交通，又能壮大观瞻。

五、其他

除了以上的文章外，童寯还有一些未发表的手稿，如1970年的《应该怎样对待西方建筑》和《建筑中的经济问题》，这些文章的内容也同样是评论当时的建筑现象、方针、政策。

《应该怎样对待西方建筑》一文阐述了在20世纪70年代的中国，应该以什么样的态度和方式对待西方建筑，应该学习西方建筑的哪些方面，批判西方建筑的哪些方面。文章首先回顾了明清以来中国对西方建筑的学习，指出外国建筑取代中国传统建筑成为我国通行的建筑方式，其根本原因在于传统中国建筑已经不适合我国的政治经济、文化生活和工作需要。

作者首先批判了崇洋的思想，但是他指出这种思想的要害在于"崇"而不是"洋"。西方建筑的结构技术和工程计算是需要我们学习的，而西方建筑中的烦琐哲学、空谈浮夸、脱离实际、为资本主义服务、剥削劳动人民等方面是需要加以批判的。

具体来说，需要学习的有：力学计算；钢筋、水泥、玻璃、电梯等建筑材料与设备；钢筋水泥及钢架大跨结构；钢筋水泥薄壳屋顶；预应力钢筋水泥建筑；轻金属、塑料、轻质混凝土等轻质建筑材料；三角形结构，如屋架等；合理的平面、空间布置；建筑立面外观；建筑设备，如照明、暖通等；声学设计；测量仪器；图式几何学；土建人才的专科教育；对建筑书籍的批判性应用。

需要批判的有：建筑艺术和工程技术的分家，劳动人民和资产阶级主人的阶级、种族隔离，建筑经济性问题，建筑"大师"为上层阶级服务，利用装饰遮盖结构的虚假立面做法。

结尾处作者总结道，建筑工作者应该洋为中用，把由西方传入的建筑技术运用、改进、再制，直至习以为常，成为我们自己的。以端正的态度学习西方建筑，创造社会主义新风格①。

《建筑中的经济问题》一文从古罗马维特鲁威（原文中为"卫楚伟氏"）《建筑十书》（原文为《建筑十篇》）中涉及建筑经济性的文字谈起，指出建筑经济性原则为"节约用地、善于用钱、巧于用料、利用现材、就地取材、营造合理"。

作者认为在施工过程中，设计单位要和施工单位密切配合；建筑平面设计是经济性的第一要点。同时作者指出讲究经济性并不是一味节省，该使用的材料、设备没有使用，反倒牺牲了安全性，或增加了后期维护的成本。文章的最后，作者提倡在建筑中使用预制构件，这样可以缩短工时，节省造价。

① "创造社会主义新风格"来源于1959年建筑工程部部长刘秀峰的《创造社会主义新风格》一文，该文最初是刘秀峰在"住宅标准及建筑艺术座谈会"上的总结报告，后在《建筑学报》发表，成为影响全国建筑创作的半官方性质文件，并促成了1961年《建筑学报》"开展百家争鸣，繁荣建筑创作"社论下的全国各地建筑讨论会。此后"创造社会主义新风格"的口号一时成了建筑界的流行话语。

第二节　建筑评论的写作空间

　　19世纪中叶以来，随着现代印刷技术和造纸技术引进、现代出版企业制度建立，公共出版业开始在上海等地兴起，至20世纪30年代已经非常繁荣。此时正好是中国建筑师职业崛起、现代建筑教育体系建立的起步阶段，因此建筑师们开始介入公共媒体，在公众刊物如《申报》《良友》上等宣传这个新兴的职业体系，就城市建设社会改良等话题发表意见。而建筑同业团体如中国建筑师学会（1927年成立）、上海市建筑协会（1931年成立）的成立带来了专业期刊如《中国建筑》（1932—1937年）、《建筑月刊》（1932—1937年）等的发行，为建筑从业者提供了更多的发声机会，也展现出更系统、深入的学术讨论氛围。

　　1931年童寯南下上海就加入了中国建筑师学会，并担任理事及出版委员会成员，在学会会刊《中国建筑》上发表过数篇文章，如《北平两塔寺》（1931年）、《东北大学建筑系小史》（1931年）、《卫楚伟论建筑师之教育》（1934年）等①，其内容未涉及针对当时建筑实践潮流的评论。1937年战争的全面爆发让上海大多建筑师事务所失去原来的业务，纷纷内迁。而后方的设计业务也相当有限，因此很多建筑师处于赋闲状态，转而谋求进入高校等单位从事教学

---

① 由于1931年"九·一八"事变导致东北大学建筑系停办，二十多名学生于1932年辗转到达上海，借读于大夏大学，由童寯为他们补课，直至1934年全部毕业。东北大学学生毕业设计作品持续在《中国建筑》发表，东北大学毕业生如石麟炳等在该刊发表系列文章，应与童寯在中国建筑学会任职有关。

或其他相关工作。华盖建筑师事务所也不例外，虽然凭借战前的声誉和几位合伙人在政商界的人脉，得以在后方承接设计业务，但远不及战前兴旺。因此，从外部因素看，设计业务的骤减让童寯有充足的时间去总结前一阶段的设计实践，后方财力、物力的限制也让他反思战前的"中国古典复兴式"建筑；从他自身因素看，江南园林研究已告一段落（1937年夏完成了《江南园林志》），这让他有精力去思考园林之外的主题。不过，此时《中国建筑》《建筑月刊》等专业期刊在战乱中被迫停办，他的建筑评论均发表在其他刊物上。

童寯的社交圈并不广，1931年南下上海之后，他在东北的社会关系基本断绝。华盖时期，他主要负责制图工作，不管人事，因此社交范围主要限于华东地区建筑师同业群体，如中国建筑师学会、中国工程师学会，以及更早的同学团体如清华同学会、曦社（留美学生社交组织）等。童寯曾交代过，清华同学会是他社会关系的主要部分，因为清华同学大多为各行各业的精英，有一定势力，可以互相帮忙，介绍生意[①]。《天下》月刊和《战国策》《公共工程专刊》三本期刊的主要负责人均有在清华受教育或任教的经历，正是由于他们的邀约，童寯才写了上述建筑评论，发表在这些刊物上。

中华人民共和国成立后，民营出版机构逐渐退场，《建筑学报》（1954年创刊）成为新的中国建筑学会（1953年成立）会刊，

---

① 出自童寯的思想检查。参见：童寯. 童寯文集（第4卷）[M]. 童明，杨永生，主编. 北京：中国建筑工业出版社，2006.

也是20世纪70年代末之前唯一一份全国性建筑行业期刊。尽管《建筑学报》曾于20世纪50年代热烈而广泛地讨论了民族形式、建筑风格等议题，但由于伴侣去世、自身患病，且远离讨论中心等，童寯并未参与上述话题研讨。从《童寯文集》收录的文章来看，中华人民共和国成立之后的两篇建筑评论，均写于1970年，且未发表。因此，发表童寯建筑评论的只有《天下》月刊和《战国策》《公共工程专刊》三本刊物。

一、《天下》月刊

《天下》月刊创刊于1935年8月的上海，抗战时转移香港，1941年8月由于太平洋战争爆发而停刊，是民国时期中国人自办的重要英文杂志。《天下》月刊由南京中山文化教育馆资助，其基本宗旨是将包括文学、艺术、哲学等在内的中国文化介绍给西方读者。该刊总编为吴经熊①，主编为温源宁②，编辑有林语堂③、

---

① 吴经熊（1899—1986），一名经雄，字德生，浙江省宁波鄞县（今鄞州区）人，法学家，著有《法律的基本概念》《法律的三度论》《施塔姆勒及其批评者》《超越东西方》等代表作品。

② 温源宁（1899—1984），广东陆丰人，英文学家、翻译家、外交官、政治人物。

③ 林语堂（1895—1976），福建漳州龙溪人，乳名和乐，名玉堂，后改为语堂，圣约翰大学英文学士、哈佛大学比较文学硕士、莱比锡大学语言学博士，曾任北京大学英文系教授、厦门大学文学院院长、香港中文大学研究教授、联合国教科文组织美术与文学主任、国际笔会副会长等职。

全增嘏①、姚克②、叶秋原③等，这些人大多是聚集在孙科周围的有欧美留学背景的官员或学者。如主编吴经熊曾在中山文化教育馆担任宣传部长，林语堂曾在中央研究院担任英文编辑，同时兼任中央研究院国际出版品交换处处长。依托这两个学术研究机构，再加上他们在中西方学者中的人脉，《天下》月刊的作者遍布于政治、哲学、宗教、历史、艺术等各个领域。如研究中国文化的福开森④（John Calvin Ferguson），英国诗人朱利安·贝尔⑤（Julian Bell），建筑家童寯、董大酉⑥等。他们以英文写作与翻译的方式，推动中国文化走向世界，同时吸纳外国学者参与到对中国文化的理解和认知过程中，促进了中外文化交流。

《天下》月刊的栏目分为"编辑评论"（Editorial Commentary）、"专著"（Articles）、"翻译"（Translations）、"时评"（Chronicle）、"书评"（Book Reviews）等。"编辑评论"主要为介绍时局及文艺

---

① 全增嘏（1903—1984），浙江省绍兴人，著有《西洋哲学简史》《不可知论批判》，主编有《西方哲学史》等，译有《哥白尼和日心说》《爱因斯坦论著选编》《华莱士著作集》《自然科学史》等。

② 姚克（1905—1991）原名姚志伊、姚莘农，姚克为其笔名。安徽歙县人，生于福建厦门，东吴大学毕业。20世纪30年代初致力于优秀外国文学作品的介绍和翻译。

③ 叶秋原（1907—1948），浙江人，在美国获得政治经济学硕士学位，曾任职于《申报》。

④ 福开森（1866—1845），加拿大安大略省人，1886年获波士顿大学文学学士学位，童年来华，曾任汇文书院首任院长、南洋公学监院等职，先后在上海办《新闻报》《英文时报》《亚洲文荟》等。

⑤ 朱利安·贝尔（1908—1937），英国诗人，毕业于剑桥大学，曾于1935年任职于武汉大学，1937年死于西班牙内战。

⑥ 董大酉（1899—1973），浙江杭州人，先后毕业于明尼苏达大学和哥伦比亚大学研究院，近代中国著名建筑师，曾任中国建筑师学会会长，担任"上海市中心区域建设委员会"顾问及主任建筑师，负责主持"大上海计划"的城市规划和建筑设计，论著有《中国艺术》《建筑记事》《大上海发展计划》等。

动态，"专著"是有关历史、政治、经济、文学、新闻出版以及考古、艺术等方面的专论，"翻译"用来发表中国文学作品的英译本，"时评"记述各种专业门类的发展历程和状况，"书评"主要为各种新文学的评述。

《天下》月刊创刊时适逢行政院筹备伦敦"中国艺术国际展览"，该展览于1935年5月先在上海进行了预备展，同年11月在伦敦正式开展，为期半年。为配合此次展览，《天下》月刊第一卷中每期都有对中国艺术的介绍，如林语堂的《中国书法的美学》、滕固①的《关于汉代雕刻品形式的注释》、福开森的《论宋代陶瓷艺术》、温源宁的《评〈亚洲艺术里的人文精神〉》等。

童寯在《天下》月刊发表过三篇英文文章，都是清华校友全增嘏向他约的稿。这三篇文章分别是1936年10月的《中国园林——以江苏、浙江两省园林为主》、1937年10月的《建筑艺术纪实》，以及1938年5月的《中国建筑的外来影响》。《中国园林——以江苏、浙江两省园林为主》一文属于园林史的范畴，也可以看作是针对西方读者的中国园林艺术科普文章。为方便西方读者理解，作者选择了从中西园林文化对比及交流的角度入手来谈中国园林。《建筑艺术纪实》是对当时中国建筑的创作取向和发展状况做出的建筑评论。《中国建筑的外来影响》表面上看属于建筑史的范畴，实则带有强烈的导向性。作者列举中国古代建筑从印度和西方引进的建

---

① 滕固（1901—1941），字若渠，江苏宝山县月浦镇（即今上海市）人。早年毕业于上海美术专科学校，留学日本和德国，分别获艺术史硕士学位、美术史学博士学位。回国后任行政院参事兼中央文物保管委员会常务委员、行政院所属各部档案整理处代理处长、重庆中央大学教授等职务。

筑类型、建筑材料及工艺、建筑装饰形式，是为了说明中国古代建筑体系具有极大的开放性，正是这种开放性塑造了独特而壮丽的中国建筑。呼之欲出的便是作者一贯的观点——当下的中国建筑也应该吸收国外最先进的材料、结构、技术、设备以及设计原理。也正是因为这点，本书将其归入了建筑评论类。

二、《战国策》

《战国策》创刊于1940年，内容包含政治评论、社会改革、新文学、艺术等，其创始人是拥有欧美留学背景的云南大学、西南联大教授雷海宗[1]、林同济[2]、陈铨[3]、贺麟[4]、何永佶[5]等人，沈从文[6]曾

---

① 雷海宗（1902—1962），字伯伦，河北永清县人。1927年获美国芝加哥大学博士学位。回国后先后执教于南京中央大学、武汉大学、清华大学和西南联大，20世纪50年代任南开大学历史系世界史教研室主任。

② 林同济（1906—1980），福建福州人，中国著名哲学家，加州大学伯克利分校比较政治学博士，"战国策派"主要代表人物，先后任教于南开大学、西南联大和复旦大学。

③ 陈铨（1903—1969）四川富顺人，先后留学于美国、德国，学习哲学、文学和外语。1933年在德国克尔（Kiel）大学获博士学位，先后于武汉大学、清华大学、西南联大、重庆中央政治大学、同济大学、复旦大学、南京大学等任教，著作有《野玫瑰》《黄鹤楼》《狂飙》等。

④ 贺麟（1902—1992），四川省金堂县人，中国著名的哲学家、哲学史家、黑格尔研究专家、教育家、翻译家。早在20世纪40年代，贺麟就建立了"新心学"思想体系，成为中国现代新儒家思潮中声名卓著的重要人物。

⑤ 何永佶（1902—?），字尹及，广东番禺人，政治学家。先后在北京大学、中山大学、勷勤大学、中央政治学校、云南大学等任教。著有《为中国谋国际和平》、《为中国谋政治进步》（1945年）、《宪法评议》（1947年）等。

⑥ 沈从文（1902—1988），男，原名沈岳焕，字崇文，湖南凤凰人，中国著名作家、历史文物研究者。曾任职于青岛大学、西南联大、北京大学、中国历史博物馆、中国社会科学院历史研究所等，著有《长河》《边城》《中国古代服饰研究》等。

做过该刊物的编辑。这些学者受斯宾格勒[①]（Oswald Spengler）文化形态学说的影响，认为20世纪30—40年代的世界正处于"战国时代"，所以他们创办的刊物取名为"战国策"，他们也因此被称为"战国策"派。受文化形态学启发，雷海宗将中国历史分为两个周期，第一周期从殷周到淝水之战[②]，是纯粹的华夏民族独立创造文化的时期，即古典的中国。第二周期从淝水之战至抗日战争，是北方民族、印度佛教等外来血统与文化影响中国的时期，这个时期胡汉混合、梵华同化，因此是综合的中国。雷海宗认为，任何一种文化的周期转折都需要外来文化的融入，正是佛教文化的传入才成就了中国文化的第二周期。通过这种独特的观点，雷海宗指出当下中国文化的出路在于借鉴西方文化优点的同时不断扬弃中国文化，唯有如此，中国文化才有第三周期的发展。林同济也认为，当前的中国文化属于大一统的活力颓萎，而西方文化正处于充满活力的"战国时代"，如果想不被毁灭，就需要引入"列国酵素"。综上所述，"战国策"派既强调中国文化的生存，又主张引入西方文化精神，通过这样的途径创造一种超越民族性与现代性之间内在紧张的新的文化认同。

　　1941年，童寯由贵阳到上海过春节，路经昆明，他的好朋友

---

① 斯宾格勒（1882—1936），德国著名历史学家，历史哲学家，历史形态学的开创人。求学于德国哈雷大学、柏林大学等，取得博士学位。代表作有《西方的没落》《普鲁士的精神与社会主义》《人与技术》等。

② 淝水之战，发生于公元383年，是东晋十六国时期北方的统一政权前秦向南方东晋发起的侵略吞并的一系列战役中的决定性战役，前秦出兵伐晋，于淝水（现今安徽省寿县的东南方）交战，最终东晋仅以八万军力大胜八十余万前秦军，是中国历史上著名的以少胜多的战例。

及清华校友林同济向其约稿，童寯便写了《中国建筑的特点》一文。其实童寯发表在《战国策》的这篇文章也有类似"战国策"派的观点。他认为正是汉唐时代的中国建筑有选择地引入了印度佛教建筑艺术的元素，才成就了其典雅壮丽。因此，当下的中国建筑也应该吸取西方现代建筑在材料、结构以及平面布局等方面的优点，等到中国的建筑师们全面掌握了钢筋混凝土的建筑原理与现代建筑的设计原则时，也一定可以做出有中国特色的现代建筑。这种建筑不仅能超越复古的"中国古典复兴式"式建筑，还可以超越当下流行的"国际式"建筑。

三、《公共工程专刊》

《公共工程专刊》是国民政府内政部营建司创办于1945年10月的刊物，1949年停刊，其责任人为哈雄文①、娄道信②。作为内政部营建司的专刊，《公共工程专刊》与内政部营建司司长哈雄文一直推进的城市规划编制与设计机构——公共工程委员会关系密切。在20世纪30年代，城市规划与管理是在"内政部（中央）—建设厅（省）—工务局（市）"三级行政体制内展开的，然而由于城市

---

① 哈雄文（1907—1981），回族，湖北武汉人。1927年毕业于清华学校。1932年毕业于美国宾夕法尼亚大学建筑系。曾任沪江大学教授、内政部营建司司长。后历任复旦大学、交通大学、同济大学、哈尔滨工业大学教授，中国建筑师学会理事长。著有《建筑理论和建筑管理法规》《美国城市规划史》，主编《建筑十年》。

② 娄道信，生平不详，1945年与哈雄文等合办《公共工程专刊》，1948年与陈占祥一起提出《首都政治区建设计划大纲草案》。

规划有很强的专业性，内政部在40年代积极推进设立城市规划的专门机构——都市计划委员会和公共工程委员会。公共工程委员会与都市计划委员会是城市规划及建设的编制与设计机构，既属于行政体制的一部分，也具有城市规划咨询的性质①。《公共工程专刊》的主要目的是发现现代公共工程的理论与实践，以供各级政府施政参考，同时也面向大众发行，以增强人民对公共工程的认识。

《公共工程专刊》的栏目分为专论、研究资料、报告、公牍连载、有关法规索引五个部分，具体内容包括公共工程理论与制度、公共工程具体方案、国内外公共工程的评论与建议、国内外公共工程调研、国内外公共工程报告等。童寯的《我国公共建筑外观的检讨》发表于《公共工程专刊》第一集的"专论"部分，与张厉生②的《论战后公共工程建设问题》、龙冠海③的《战后我国都市建设问题》、张维翰④的《都市美化运动与都市艺术》、梁思成的《市镇的体系秩序》、哈雄文的《论我国城镇的重建》、娄道信的《战后城镇重建之实施问题》、汪定曾⑤的《我国战后住宅政策范论》、

---

① 李微. 哈雄文与中国近现代城市规划［D］. 武汉：武汉理工大学，2013.
② 张厉生（1900—1971），河北乐亭人，曾任国民党中央执行委员、组织部长、行政院秘书长、内政部长等职。
③ 龙冠海（1906—1983），海南琼山人，社会学家。著有《社会学》、《社会思想史》、《社会学与社会问题论丛》、《社会学与社会意识》、《都市社会学的理论与应用》、《社会思想家小传》、《社会研究法》（主编）等。
④ 张维翰（1886—1979），字季勉，号莼沤，云南大关人，民国政治家、法学家。著有《都市计划》《法制要论》《行政法精义》《地方自治实务》《田园都市》等
⑤ 汪定曾（1913—？）湖南长沙人，高级建筑师。曾任重庆大学教授、中央银行工程科建筑师。中华人民共和国成立后历任上海都市计划委员会副主任、上海市城市规划管理局总建筑师、副局长、上海市民用建筑设计院副院长兼总建筑师、上海市规划建设管理局副局长兼总建筑师、高级建筑师，中国建筑学会第五届常务理事。主持、指导了上海体育馆和上海宾馆等工程的设计。

刘致平①的《战后新中国建筑》、吴绍璘②的《公园与都市民生之关系及其设施概说》、陆谦受③的《未来的建筑师》、卢毓骏④的《新时代工业化之应有认识》等文章并置，这些文章大部分来自哈雄文向规划、建筑界同仁的约稿，话题集中于战后公共工程的建设以及城市规划的问题。

第三节　建筑评论的对象

　　童寯于20世纪30—40年代发表的几篇建筑评论主要针对"中国古典复兴式"建筑。从起源上来讲，这种建筑最初由在华教会大学、教会医院等采用，是在华教会本土化、中国化策略的一部分，是殖民主义和东方主义的混合体。从使用功能上来讲，这种建筑既

---

① 刘致平（1909—1995），辽宁铁岭人，建筑学家。主要著作有《中国建筑设计参考图辑》《云南一颗印》《中国建筑类型及结构》《中国居住建筑简史——城市、住宅、园林》《中国伊斯兰建筑》等。

② 吴绍璘，生平不详。

③ 陆谦受（1904—1992）广东省新会人，毕业于伦敦英国建筑学会建筑学院，英国皇家建筑学会会员，曾任上海中国银行建筑科科长、中国建筑师学会副会长等职，1949年后赴香港。

④ 卢毓骏（1904—1975），福建福州人，1920年赴法国勤工俭学，后入巴黎公共工程大学学习，1925年在巴黎大学都市规划学院任研究员。1929年回国，在南京考试院工作。1949年到台湾，并于1961年创办台湾中国文化大学建筑与都市设计系。主要建筑设计作品有南京考试院、台湾科学馆、中国文化大学校园规划及华冈校舍等，专著有《防空建筑工程学》《防空都市计划学》《新时代都市计划学》《现代建筑》《中国建筑史与营造法》等。

有集约化的空间划分，又有现代化的内部设施，还有中国式的内外观瞻，充分满足了教会的需求。从设计方法上来讲，这种建筑以西方学院派构图法则为基础确立平面及立面关系，同时在内外装饰体系上尽可能参照中国传统建筑元素，可以看作是折中主义的中国版本。这类建筑之所以成为可能，首先在于建筑师对照古希腊、古罗马的宫殿、神庙，将中国传统木构建筑中的宫殿坛庙、佛（道）教建筑等进行了古典化，从而可以在中国传统建筑中提取出语汇片段，按照学院派构图原则重新进行排列组合[①]。从政治需要来看，近代中国从传统帝国向现代民族国家转型时，一方面追求现代化的政治组织、经济模式、文化意识形态，同时也需要挖掘本民族固有的文化元素来建立民众的国族认同以及政权的合法性。建筑作为文化的一部分，自然需要承担起继承中华文化道统的责任，而"中国古典复兴式"建筑就被当作国族存活的精神象征以及中华文化正统的象征被国民政府接受，并在城市规划与建设中以法律法规的形式向首都及全国推广。而对于当时的中国建筑师来讲，他们接受的是和外国建筑师一样的学院派教育，因此在处理现代建筑与中国传统的命题时，并不能提出更有效的策略，而是往往采用与外国建筑师同样的方式，用西方古典建筑话语体系来解读中国建筑。所不同的是，他们凭借深厚的传统文化修养，可以把中国元素处理得更加

---

① 见赵辰的*Elevation or Façade: A Re-evaluation of Liang Sicheng's Interpretation of Chinese Timber Architecture in the Light of Beaux-Arts Classicism*，具体参见：CODY J W, STEINHARDT N S, ATKIN T. Chinese architecture and the beaux-arts［M］. Honolulu: University of Hawaii Press, 2011.

地道娴熟①。

　　童寯对"中国古典复兴式"建筑的批判可谓毫不留情，他常通过各种修辞手法讽刺这种建筑潮流。如把大屋顶比喻为男人的辫子，进而将大屋顶建筑的具体做法比喻为整容术，即"把辫子放到死人身上"；或将在钢骨水泥上绘制彩画比喻为"金身上贴膏药"；再比如将这种建筑拟人化，看作"穿西装戴红顶花翎，后垂发辫"的男人。通过这些形象生动、浅显易懂的表达，"中国古典复兴式"建筑种种不伦不类的特征便会给读者留下深刻印象。具体来讲，童寯对"中国古典复兴式"建筑的批评涉及了在华教会的建筑策略、国民政府的建筑政策，以及中国建筑师的实践三个层面。童寯20世纪70年代的两篇建筑批评手稿，一篇针对建筑的经济性政策，另一篇则是关于对待西方建筑的态度，以及学习西方建筑的内容。这两个话题都是官方建筑、文艺政策中的重要话题，然而在实际应用中却有多方面条件互相制约，从施行方式到产生的后果，值得反思。

一、教会的建筑策略

　　童寯在其建筑评论中两次提到"中国古典复兴式"起源于在

---

① 外国建筑师如芝加哥帕金斯事务所设计的金陵大学礼拜堂，是巴西利卡式平面与中国传统建筑元素组成的立面相结合的结果。为了遵从西方建筑从山墙面进入的特点，其主立面使用了官式建筑中的九脊歇山顶和北方民居中硬山山墙面的混搭组合，虽然新颖，在当时中国人眼中却有点不伦不类；亨利·墨菲的金陵女子大学主教学楼，其装饰性柱头铺作和柱子偏离的做法，一直被中国建筑师诟病。相比之下，后来的中国建筑师如吕彦直、范文照、杨廷宝、赵深、董大酉、徐敬直、杨锡镠、陈品善等在处理中国传统建筑要素方面更加娴熟地道，符合中国人的审美。

华教会的学校及医院建筑。

"有关所谓中国建筑艺术复兴的辩论已煞费口舌……最初这种尝试仅限于教会和医院。这类房屋对外行人常常有种浪漫色彩的感染力，对他们而言，丰富的曲线形屋顶最容易显示中国建筑艺术的壮观。"①

"教会大学建筑式样，本系西人所创。他们喜爱中国建筑，又不知其精粹之点何在。只得认定最显著的部分——屋顶——为中国建筑美的代表。然后再把这屋顶移植在西式堆栈之上，便觉得中国建筑已步入'文艺复兴'时代。"②

确如童寯所说，在华教会是这种建筑的最早推动者。在20世纪初兴建的基督教新教大学和天主教大学中，圣约翰大学（Saint John's University）、金陵大学（Private University of Nanking）、金陵女子大学（Ginling College）、华西协和大学（West China Union University）、华中大学（Huachung University）、福建协和大学（Fukien Christian University）、齐鲁大学（Cheeloo University）、湘雅医学院（Xiangya Medical College）、协和医学院（Peking Union Medical College）、燕京大学（Yenching University）、辅仁大学（Fu Jen Catholic University）等十余所教会大学校园主体建筑均采用了中国传统建筑的外观造型及细部装饰。20世纪初的金陵大学主体建筑采用了青砖墙体与北方宫殿式屋顶结合的方式，

---

① 出自《建筑艺术纪实》，详见：童寯. 童寯文集（第1卷）[M]. 童明，杨永生，主编. 北京：中国建筑工业出版社，2000.

② 出自《我国公共建筑外观的检讨》，详见：童寯. 童寯文集（第1卷）[M]. 童明，杨永生，主编. 北京：中国建筑工业出版社，2000.

20世纪20年代的金陵女子大学和燕京大学主体建筑采用了北方宫殿样式，华西协和大学主体建筑采用了北方宫殿和西南民居混合的样式，上海圣约翰大学、岭南大学（Lingnan University）等则采用了中式屋顶与西式墙身立面结合的方式①。

　　教会之所以如此热衷于把建筑建成中国样式，背后实际上是其传教策略的转换。19世纪中叶，伴随着西方列强的殖民侵略与贸易扩张，十字架与商船相依相随而行，传教士与殖民者同船相伴而来，基督教和物质商品通过同一艘战舰同时运到了中国。西方传教士在不平等条约的保护下，采取了"整体置换"的策略进行传教，即以西方的宗教文化全方位地置换中国的传统文化，使上帝的荣光在中国显现，而龙则被废止，以达到"中华归主"的目的。在具体的传教过程中贬低污蔑中华文化，宣扬西方文化优越论，并常常通过强力手段获取土地建造教堂、包庇犯罪教徒、干扰地方行政法律等。此阶段的教会建筑基本照搬教会所属国的建筑样式，以哥特式为主。

　　这种"整体置换"的策略经常激起中国各阶层人士反抗，全国各地教案不断，并最终引发了义和团运动（即庚子教难）。教会的生命财产以至整个传教事业蒙受巨大损失，这促使教会反思其在华传教方式。"整体置换"逐步演变为"宏观改造"。对中国传统文化的排斥和贬低逐步演变为尊重和对话交流，在华基督教逐渐开

---

① 此处参考了董黎的研究结论。参见：董黎. 中国近代教会大学建筑史研究［M］. 北京：科学出版社，2010. 又见：董黎，杨文滢. 从折中主义到复古主义：近代中国教会大学建筑形态的演变［J］. 华中建筑，2005，23（4）：160-162.

始了其"本色运动"或"中国化"历程。通过研究中华文化艺术，积极探索中国文化与基督教对话与整合的可能性来换取中国知识分子及上层官员对传教事业的理解与支持。在具体传教活动中，培养、重用中国基督徒，关注教育、出版等社会公共服务领域。很多传教士成为中国传统文化艺术的爱好者和倡导者。他们着华服、说华语、取华名、采纳中国礼仪。他们认为教会建筑不应该过分热衷于哥特式或其他西方风格，而应选择中国本土风格，以此表明教会对中国文化的推崇与尊重，以期减少中国人对教会的敌对情绪，增加教会对中国人的吸引力[①]。

教会的建筑策略，说到底还得依靠建筑师来实施。外国建筑师是这类建筑的主要设计者，他们对中国建筑的兴趣点大多集中于佛塔、宫殿、坛庙、牌坊等符合西方建筑学概念的纪念性建筑上。同时，他们对中国建筑的认识和研究更多体现在图像层面，比如凹曲的大屋顶、鲜明的色彩、华丽的装饰等不同于西方纪念性建筑的他者形象。这实际上是以西方古典建筑的眼光来看中国建筑，对中国建筑立面各要素构图组合的关注，远胜过对其建造原理、形式成因的关注。中国皇家建筑、宗教建筑对四面围护结构重要性的强调、沿水平方向展开的布置方式、对称性的追求、正面大门作为入口的方式、内部穹顶、多色彩装饰，以及模块化建造的木框架等特征让其与布扎体系产生很强的兼容性，而覆盖在布扎体系建筑上的大屋顶正好可以体现出与中国传统建筑相兼容的宏大的对称、大胆

---

① 此处参考了王超云的研究结论。参见：王超云. 基督教在近代中国传教方式的转变 [D]. 兰州：西北师范大学，2006.

73

的构思和清晰的正面景观①。因此，布扎训练出身的外国建筑师在处理这类设计任务时，往往以学院派构图法则为基础确立平面及立面关系，同时在外观及室内装饰上尽可能参照中国传统建筑元素。

这群外国建筑师中最有名的是亨利·墨菲②（Henry Killam Murphy），他先后主持设计了福建协和大学、长沙湘雅医学院、金陵女子大学、燕京大学、岭南大学等教会大学的主体建筑。1928年墨菲在纽约亚洲协会（Asia Society）会刊上发表文章《中国建筑的文艺复兴：古典宏大的风格用于现代公共建筑》（*An Architectural Renaissance in China—The Utilization of Modern Public Buildings of the Great Styles of the Past*），把他设计的这一类作品称为中国建筑的"文艺复兴"，认为"可以应用到新建筑中的中国古典建筑的元素及特征就是飞扬的曲面屋顶、配置的秩序、诚实的结构、华丽的色彩以及完美的比例等五大项"③。

显然，童寯并不认可墨菲的"文艺复兴"论，在他看来，这类认知浪漫而肤浅，在实际操作中过于强调建筑的外观和装饰，而

---

① 见夏南悉的*Chinese Architecture on the Eve of the Beaux-Arts*一文，具体参见：CODY J W, STEINHARDT N S, ATKIN T. Chinese architecture and the beaux-arts［M］. Honolulu: University of Hawaii Press, 2011.

② 亨利·墨菲（1877—1954），又译茂飞，美国建筑设计师，1899年毕业于美国耶鲁大学，先后为在华教会大学规划设计了多所大学校园或主要建筑。1928年受聘于国民政府"首都建设委员会"，参与拟订南京建设纲领性文献《首都计划》，并主持了首都南京的城市规划，是当时中国建筑古典复兴思潮的代表性人物。

③ 有关墨菲的研究很多，可参见：CODY J W. Building in China: Henry K. Murphy's "Adaptive Architecture": 1914-1935［M］. Seattle: University of Washington Press, 2001. 又见：赖德霖，伍江，徐苏斌. 中国近代建筑史［M］. 北京：中国建筑工业出版社, 2016.

非结构体系。而中国建筑的精髓在于其结构，真正的中国建筑从来不会为了装饰牺牲结构，或抛开结构去做单纯的造型和装饰。

二、国民政府的建筑政策

童寯在其建筑评论中，几次提到业主（很多时候是政府单位）在"中国古典复兴式"建筑发展中的推动作用。同时，他也在思考政治与建筑潮流的关系。

"去年春天开学的南京国立艺专值得称道……如果不是（业主）一再更换建筑师，把最初设计思想消灭于萌芽状态的话，这座建筑还会更漂亮些。"①

"我们希望宫殿式洋房，在战后中国的公共建筑中，不再被有封建趣味的达官贵人们考虑到。以前很有几座宫殿式的公共建筑，是业主指定式样而造成的。"②

"那么，建筑与政治无一点关系吗。曰唯唯否否，子不见德国自社民党柄政以来，德国的建筑已经盖棺了吗。国社党以为平顶素壁的立体式建筑，不合国策，乃驱赶新派建筑家于国外，不惜令建筑艺术在德国倒退五十年……"③

---

① 出自《建筑艺术纪实》，详见：童寯. 童寯文集（第1卷）[M]. 童明，杨永生，主编. 北京：中国建筑工业出版社，2000.
② 出自《我国公共建筑外观的检讨》，详见：童寯. 童寯文集（第1卷）[M]. 童明，杨永生，主编. 北京：中国建筑工业出版社，2000.
③ 出自《中国建筑的特点》，详见：童寯. 童寯文集（第1卷）[M]. 童明，杨永生，主编. 北京：中国建筑工业出版社，2000.

显然，童寯已经意识到政府的推动是"中国古典复兴式"建筑发展的重要动力。事实上也是如此，国民政府选择了这种建筑风格，逐步将其定位为某种国家形象的象征，并以行政法规的形式进一步明确，从而为其进发展提供了条件。

　　前文提到的美国建筑师墨菲，在为教会大学设计的几个建筑项目后，在中国建立了很高的专业声望，引起时任广州市长孙科①的注意。由于孙科的赏识，墨菲于1922年获得了广州市政中枢的设计任务，在该建筑的设计说明中，墨菲再次阐释了他的"中国古典复兴式"建筑策略，此后墨菲还深度参与了广州的城市规划工作，由此墨菲在南方革命阵营中得到了国民党高层的高度认同。掌握全国政权后，国民政府于1929年聘任墨菲为首席建筑顾问，主持制定南京《首都计划》，他所倡导的"中国古典复兴式"再次被国民党政府接受。墨菲也因其《首都计划》圆满完成而受到更多国民党高层的赏识，得到蒋介石的亲自接见，蒋还委托他设计了南京东郊紫金山灵谷寺的革命烈士纪念建筑群。

　　《首都计划》关于建筑形式的说明提出"本诸欧美科学之原则""吾国美术之优点"的原则，宏观规划鉴于欧美，微观建筑形式采用中国传统建筑。提出"国都建筑，其应采用中国款式，可无疑义""要以采用中国固有之形式为最宜，而公署及公共建筑尤当尽量采用"等口号。墨菲在《首都计划》提供的大量图版

---

① 孙科（1891—1973），字连生，号哲生。广东香山人，孙中山长子。

中展示了这种"中国固有之形式"可以参照的形式操作。这股风潮不仅直接影响了南京行政建筑的外观形式，而且影响了其他城市的城市规划和建筑建设，如上海的《市中心区域规划》及之后的《大上海计划》也对建筑形式提出了类似要求。这一系列规定直接导致了一大批以西方学院派构图为基础确立平面及立面关系，以中国传统宫殿式建筑为外观造型、中国传统美术为室内装饰主题的公共建筑诞生，如中央博物院、国民党党史史料陈列馆、上海市政府、上海市立图书馆、上海市立博物馆等。

三、中国建筑师的"中国古典复兴式"实践

墨菲的影响力并不局限于政府高层，他在中国建筑界也地位尊崇。吕彦直①、庄俊②都曾在墨菲的事务所任职，董大西、李锦沛③、

---

① 吕彦直（1894—1929），字仲宜，别古愚，生于天津，中国著名建筑师，曾设计南京中山陵、广州中山纪念堂及中山纪念碑等。
② 庄俊（1888—1990），生于上海，原籍浙江宁波，毕业于伊利诺伊大学建筑工程系，回国后曾任清华学校讲师兼驻校建筑师，协助亨利·墨菲进行校区规划和设计。1923年赴纽约哥伦比亚大学进修，次年回国。1925年在上海创办庄俊建筑师事务所。1927年组织发起中国建筑师学会，被推选为第一任会长。曾在北京交通部华北建筑工程公司、上海华东工业建筑设计院任职。
③ 李锦沛（1900—?）字世楼，祖籍广东台山，1923年获纽约州立大学建筑师文凭，设计新泽西城基督教青年会、纽约时报馆等，1923年作为基督教青年会的建筑师来到上海，参与青年会大楼的设计。1927年独立开业并加入中国建筑师学会。吕彦直建筑师病逝后，李锦沛受孙中山葬事筹备委员会之聘，以彦记建筑事务所名义，负责南京中山陵、广州中山纪念堂等工程的设计工作。1945年返回美国，曾被纽约市房屋局聘为高级建筑师，主要为纽约唐人街设计建筑。

赵深①、范文照②都曾盛赞墨菲为"沉浸在中国近二十年的待人真诚的美国建筑师"。在1935年《建筑月刊》里有一则"欢饯茂飞建筑师返美志盛"的报道，描述了墨菲（即该报道中的"茂飞"）于该年返回美国前，上海的建筑师、营造厂商代表约五十人为其饯行的场景，参加此次宴会的大多为中国人，包括李锦沛、童寯等知名建筑师及陶桂林③等知名营造厂商。

墨菲的中国助手吕彦直曾参与了金陵女子大学和燕京大学的校园规划设计，继承了墨菲的"中国古典复兴式"理想。成立自己的事务所后在南京中山陵设计竞赛中以矗立在方形基座上的重檐歇山顶式祭堂获得头奖，后来又设计了同样是"中国古典复兴式"样式的广州中山纪念堂。除了设计任务外，吕彦直还积极参加社会活动，他和张光沂④、庄俊、巫振英⑤等建筑师一起，发起成立了上海建筑师学会（后更名为"中国建筑师学会"），在中国建筑师团体中备受尊崇。和墨菲一样，吕彦直也因为出色的工程设计获得国民政府的认同，在他英年早逝后，南京国民政府曾明令全国，予以褒奖，并在中山陵祭堂西南角的休息室内为其立碑纪念。

---

① 赵深（1898—1978），江苏无锡人，中国近代著名建筑师。1923年毕业于美国宾夕法尼亚大学建筑系，1927年回国，任职于范文照建筑师事务所。1930年自设建筑师事务所，次年陈植加入，1932年童寯加入时取名华盖建筑师事务所。1949年后，曾在北京中央设计院、华东建筑设计公司、华东设计院等机构任职。

② 范文照（1893—1979），广东顺德人，毕业于宾夕法尼亚大学，曾设计南京大戏院、基督教青年会大楼、铁道部大楼、励志社等。1942年以后主要服务于香港地区，设计了包括崇基学院在内的一批建筑。

③ 陶桂林（1891—1992），江苏启东人，民国建筑业巨头，他创建的陶馥记营造厂是近代上海乃至全国最大的建筑企业。

④ 张光沂，毕业于哥伦比亚大学，曾发起成立中国建筑师协会。

⑤ 巫振英，毕业于哥伦比亚大学，曾发起成立中国建筑师协会。

欢饯茂飞建筑师返美合影（中间坐着的是墨菲）

来源：佚名. 欢饯茂飞建筑师返美志盛［J］. 建筑月刊，1935，3（5）：3.

在20世纪30年代，"中国古典复兴式"建筑在业内有大量拥趸。基泰工程司①设计的中山陵园管理处（南京，1930年）、中央体育场游泳馆（南京，1930年）、外交部办公大楼（方案，南京）、谭延闿墓祭堂（南京，1931年）、中央研究院（南京，1931年）、中英庚款办公楼（南京，1934年）、国民党中央党史史料陈列馆（南京，1934年）、金陵大学图书馆（南京，1936年）、南京中央研究院（南京，1936年）、四川大学建筑群（成都，1938年），董大酉设计的上海市政府建筑群（上海，1933年），赵志游②、陈品善③设计的国民政府主席官邸（南京，1931年），杨锡缪④设计的国立上海商学院（上海，1935年），范文照设计的广东省政府合署建筑（广州，1935年），徐敬直⑤设计的中央博物院（南京，1935年）都属于这类建筑。童寯所在的华盖建筑师事务所也设计过铁道部大楼扩建工程（南京，1931年）等"宫殿式"建筑。

那么童寯是怎么看待这批由中国建筑师（其中很多是他的校

---

① 基泰工程司（Kwan, Chu and Yang Architects）是关颂声于1920年在天津创办的建筑事务所，也是近代中国人自己创办的最大的建筑事务所，主要合伙人包括关颂声、朱彬（关之妹夫）、杨廷宝、杨宽麟四人。

② 赵志游（1889—1946），名之佑，又名连官，字志游，浙江宁波人，民国时期政治人物、土木工程专家、建筑师，曾任南京市工务局局长、杭州市市长等职。

③ 陈品善（生卒年不详），曾任南京市工务局技正，直接主持了国民政府主席官邸的设计建造。

④ 杨锡缪（1899—？），字右幸，江苏同里人，毕业于上海南洋大学土木工程科，毕业后曾在吕彦直的上海东南建筑公司担任工程师，后自己创办上海凯泰建筑公司，代表作品有上海百乐门舞厅等。

⑤ 徐敬直（1906—1983），祖籍广东中山，生于上海，毕业于密歇根大学，并在匡溪艺术学院进修，1932年归国，在上海执业，翌年创办兴业建筑师事务所，20世纪40年代末赴香港，曾担任香港建筑师公会首任会长。

友、朋友）设计的"中国古典复兴式"建筑呢？总体来讲，他当然持否定态度，但就具体个例而言，又不尽然，以其评论中提到的建筑为例：

范文照、赵深设计的南京铁道部大楼"证明了这种风格在政府办公楼上应用的可能性"，但其显而易见的缺点是高造价；华盖事务所设计的扩建工程为了协调风格，不得不用同样的大屋顶，但它"长长起伏的总体，优美的门窗配置，使这一建筑尤胜于复兴式古董的平均水平"。

董大西设计的上海市立图书馆和博物馆两座建筑，都是瓦屋顶和平屋顶的组合，"这是对教会复兴风格的改进"，上海中山医院与附属医学院也属此类。比起全部覆盖大屋顶的做法，这种平坡结合的方式虽然是一种改良和进步，但"这种处理并不新颖"。

南京国立艺专、南京审计局新办公楼等建筑"具有明显的中国式外观，但却未求助于寺庙式屋顶"。这应该归于童寯所说的"抗战前我国建筑，间有不用宫殿式屋顶而仍带有中国作风的，这已是好现象。并证明中国建筑师，也有觉悟分子，而不肯随波逐流的"一类。

陆谦受设计的上海中国银行大厦属于"钢和混凝土的国际式"建筑，虽然有"种种类同中国装饰的完美润色之处"，但它已不能被归入"中国古典复兴式"或"中国建筑"类别，因为这种装饰没有结构意义。

从童寯对上述案例的评价来看，可以得出以下结论：在他看来，大屋顶的痕迹越少，中国式的装饰越简单，中国式建筑设计就越成功；但直接在"国际式"建筑上做中国装饰的做法，则过于片面简单，不能归类于中国建筑。

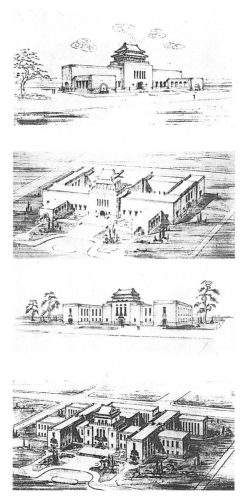

董大酉设计的上海市立博物馆（上）和图书馆（下）
来源：董大酉. 上海市博物馆图书馆工程概要 [J]. 建筑月刊，1934，2（11-12）：1-17.

上海中国银行大厦设计图

来源：陆谦受，吴景奇. 上海中国银行大厦［J］. 中国建筑，1937（26）：4-7.

四、中华人民共和国成立后的建筑政策

　　童寯于20世纪70年代完成的两篇短文主要是针对政府的建筑政策，涉及建筑的经济性问题和向西方学习的问题。关于经济性问题，童寯从维特鲁威《建筑十书》中的相关内容出发，阐述了建筑的经济性问题，同时又联系实际，特别指出：

　　"不易修理保养及不耐久材料，在正常条件下，不宜贪图其低价，致增加以后维修费用，初似便宜，久则昂贵。或有应备而不装，本有需要而竟省去，又不包括在以后完成范围以内，片面追求节约于一时，遗憾久远。"[①]

　　要理解这段看似是常识的文字，必须回到中华人民共和国成立后历次建筑运动的情境中。1952年民营建筑师事务所相继解散或合并为国营单位，全国各地大型设计院陆续成立，"适用，坚固、安全，经济——在不妨碍上述三原则前提下适当注意美观"的设计方针开始确立。此时苏联建筑界在批判构成主义、世界主义的同时，提出"社会主义的内容，民族的形式"口号，沙俄时代的建筑语言被重新包装成民族形式登场。中国建筑界向苏联学习，批判方盒子的国际式建筑，同样以"民族形式"的口号再次推出20世纪30年代的"中国古典复兴式"建筑，然而这股复古思潮很快就因铺张浪费的缺点受到批判。20世纪50年代末的"大跃进"运动提出"多、快、好、省"，片面强调节约、压低标准、降低造价，强调

---

① 出自《建筑中的经济问题》。详见：童寯. 童寯文集（第1卷）［M］. 童明，杨永生，主编. 北京：中国建筑工业出版社，2000.

快速设计、快速施工,带来各种建筑事故,酿成人员伤亡惨剧。而1959年住宅标准及建筑艺术座谈会的总结报告——《创造社会主义新风格》则为建筑风格的讨论画上了句号。"适用、经济,在可能的条件下注意美观"也正式成为后来几十年的建筑方针。

结合以上背景来看,童寯的这篇《建筑中的经济问题》,实际上是在普及基本经济常识,同时隐含着对"大跃进"运动的反思。另一篇《应该怎样对待西方建筑》则是对盲目反对一切西方内容的拨乱反正。

在中华人民共和国成立后的官方话语中,继承一切优秀的文化艺术遗产,批判地吸收其中一切有益的东西,包括古人和外国人的东西,封建阶级和资产阶级的东西,只要加以改造,加入新的内容,进而达到为人民服务的目的,就是具有正当性的。毛泽东在1964年更是明确概括出了"古为今用,洋为中用"[①]的文艺方针。但在现实中,情况往往滑向极端,如"国际式"建筑就一度被定义为"资产阶级意识的、世界主义的、没有民族性的、美国式的方盒子",成为设计实践的禁区。在这种情况下,童寯呼吁,要区分对待来自西方的建筑,反对其阶级性的成分,接受其工程技术的部分,大方地运用、改进、再制,将其变成我们自己的东西,这也是在迂回地倡导没有明显地域差异的"国际式"建筑。

---

① 1964年9月1日,中央音乐学院音乐学系学生陈莲给毛泽东写了一封信,反映该院教学和演出中存在的一些问题。毛泽东为此作了《对中央音乐学院的意见的批示》,其中提出"古为今用,洋为中用"。

第四节　建筑评论的范畴与标准

　　童寯的建筑评论涉及建筑风格的民族性、建筑建造的时代性、建筑功能与外观的一致性、材料结构与外观的一致性、空间使用和造价的合理性、建筑审美的阶级性、空间分配的公平性等议题，可以简要概括为建筑的民族性、时代性、真实性、经济性、阶级性等五个讨论范畴。事实上，这些评论大多采用了二项对立的论述方式，在"中国古典复兴式"与"国际式"的对比中进一步挖掘各自的特点和意义。同时，由于有相似的教育背景和社会文化背景，其他建筑家也经常在评论里探讨这些议题，因此，将同时期其他建筑家的评论与童寯的评论并置阅读，可以看出他们各自在这些话题上的基本态度。如果继续向前追溯，就会发现，这些话语都可以在正统建筑史（艺术史）论述以及当时中国社会流行的文化潮流和政治意识形态中找到根源。

"中国古典复兴式"与"国际式"在五大议题上的对立

风格 议题	中国古典复兴式	国际式
民族性	表面符号挪用	不太重视
时代性	已经过时	正在流行
真实性	材料、结构、形式不统一	材料、结构、形式的统一
经济性	浪费金钱和空间	经济适用
阶级性	旧式封建达官贵人审美	新时代审美

一、民族性

1. 观点列举

建筑应该体现中国的民族特色，这是近代中国建筑家们的共同认知。"中国古典复兴式"建筑得以广泛流行，正是由于建筑家们对其中国形象的认同。在此略举几例说明。

其他近代建筑家及其"民族性"议题相关文献

议题	人物	文章 / 年份
民族性	董大酉	《上海市行政区及市政府房屋设计报告》，1931年
	《中国建筑》佚名编辑	《明年芝加哥博览会之中国建筑》，1931年
	梁思成	《为什么研究中国建筑》，1944年

1931年，董大酉在《上海市行政区及市政府房屋设计报告》中阐释了上海市政府建筑群的设计理念，第一部分即解释了采用中国样式的三点理由：

"一、市政府为全市行政机关，中外观瞻所系，其建筑格式，应代表中国文化。苟采用他国建筑，何以崇国家之体制，而兴侨旅之观感。"

"二、建筑样式为一国文化精神之所寄，故各国建筑皆有表示其国民性之特点。近来中国建筑，侵有欧美之趋势，应力加矫正，以尽提倡本国文化之责任。市政府建筑，采用中国格式，足示市民以矜式。"

"三、世界伟大之公共建筑物，美蒂万千。建筑费用，以亿兆计者，不知凡几，即在本市亦不乏伟大之建筑物。今以有限之经费，建筑全市观瞻之所系之市政府，苟不别树一帜，殊难与本市建筑共立。"①

以上三方面概括起来就是：上海市政府建筑群从功能担当、文化意义、财政支持等各方面来看都非常特殊，只有中国样式才足以胜任这些重要责任。

1933年的芝加哥博览会中国馆采用了热河行宫金亭的式样，官方话语裏挟着斯文·赫定②（Sven Hedin）的介绍，将这座建筑打造成代表中国建筑艺术最高水准的作品：

"初此传衍发达已数千年之中国建筑精致结构，见之人殊难有不作欢呼者……就建筑美而言，中国再无有出其右者。……展览过后，该亭将移往林肯公园，作为一件历史奇事之纪念物，及中国建筑美术高度标准璀璨之例证。"③

梁思成也曾在《为什么研究中国建筑》一文中为近代以来中国城市建设完全模仿西洋式样而完全失去自己艺术特性的现象大为痛心。因此他虽然指出"中国古典复兴式"建筑不过是中西建筑旧制度的勉强凑合，在结构、经济性甚至艺术性方面都有明显缺陷，但是对这种探索中国精神的努力却表现出极大的认同和期待。

---

① 出自《上海市行政区及市政府房屋设计报告》。详见：董大西. 上海市行政区及市政府房屋设计报告 [J]. 中国建筑创刊号，1931（11）：5-17.

② 斯文·赫定（1865—1952），瑞典知名探险家、地理学家。

③ 出自《明年芝加哥博览会之中国建筑》一文。参见：佚名. 明年芝加哥博览会之中国建筑 [J]. 中国建筑创刊号，1931（11）：18-22.

"……为着中国精神的复兴，他们会做美感同智力参合的努力。这种创造的火炬已曾在抗战前燃起，所谓'宫殿式'新建筑就是一例。……有些'宫殿式'的尝试，在艺术的失败可拿文章作比喻。它们犯的是堆砌文字，抄袭章句，整篇结构不出于自然，辞藻也欠雅驯。但这种努力是中国精神的抬头，实有无穷意义。"①

与建筑界对民族性关注一致的是南京国民政府对"中国古典复兴式"建筑的认同。南京国民政府一直奉行三民主义以及以民族理念为核心的建国思想，因此民族主义是其一直信奉的意识形态与理念。从20世纪20年代末的"三民主义文学"，到30年代初对鼓吹民族文艺的"前锋社""中国文艺社"的支持，再到30年代中对王新命②、何炳松③等十位教授发表的《中国本位的文化建设宣言》④的支持，南京国民政府一直是文化本位主义的积极倡导者和实施者。"中国古典复兴式"建筑既拥有简洁紧凑的平面布局和现代化的技术设施，又带有强烈的中国特色大屋顶及细部装饰，不难理解它会迅速受到国民政府高层官员的青睐。于是这种最早来自教会的东方主义建筑摇身一变，就成了"中国固有之形式"，成为官署及公共

---

① 出自《为什么研究中国建筑》。参见：梁思成. 中国建筑史［M］. 北京：百花文艺出版社，2005.

② 王新命，民国新闻界人士，曾任职于《民国日报》《中美晚报》。

③ 何炳松（1890—1946）字柏丞，浙江金华人，中国历史学家。威斯康星大学政治科学士，普林斯顿大学政治科硕士，曾任职于北京大学、商务印书馆、光华大学、大夏大学、暨南大学等机构，著有《历史研究法》《通史新义》《程朱辩异》《浙东派溯源》等。

④ 1935年1月10日，由王新命、何炳松、武堉干、孙寒冰、黄文山、陶希圣、章益、陈高佣、萨孟武、樊仲云等十名教授联名在《文化建设》月刊上发表该宣言，强调要加强"中国本位的文化建设"，对西洋文化要"吸收其所当吸收，而不应以全盘承认的态度，连渣滓都吸收过来"，旗帜鲜明地反对"全盘西化"主张。

建筑的优先选择。

童寯批判"中国古典复兴式"建筑，当然必须要回应其在民族性方面的表现。与其他同行不同的是，即使在民族性方面，他也难以认同"中国古典复兴式"建筑的处理方式：

"将宫殿瓦顶，覆在西式墙壁门窗上，便成功为现代中国的公共建筑示范，这未免太容易吧。假使这瓦顶为飓风吹去，请问其存余部分的中国特点何在？我们所希望的，是离开瓦顶斗拱须弥座，而仍能使人一见便认为是中国的公共建筑。"①

"寺庙式屋顶肯定已经过时。当今，中国古典建筑除了表面装饰，别无他物可为现代建筑采用。……何赋予地方色彩的意图，将需要学习、研究与创造，这些工作会构成中国对世界建筑艺术的贡献。还需指出，这种贡献应当有结构上的意义。"②

"中华民族既于木材建筑上曾有独到的贡献，其于新式钢筋水泥建筑，到相当时期，自也能发挥天才，使观者不知不觉，仍能认识其为中土的产物。"③

在童寯关于民族性的论述中，可以通过"中国古典复兴式"和"国际式"的二项对立关系建立如下结构矩阵。

---

① 出自《我国公共建筑外观的检讨》，详见：童寯. 童寯文集（第1卷）[M]. 童明，杨永生，主编. 北京：中国建筑工业出版社，2000.
② 出自《建筑艺术纪实》，详见：童寯. 童寯文集（第1卷）[M]. 童明，杨永生，主编. 北京：中国建筑工业出版社，2000.
③ 出自《中国建筑中的特点》，详见：童寯. 童寯文集（第1卷）[M]. 童明，杨永生，主编. 北京：中国建筑工业出版社，2000.

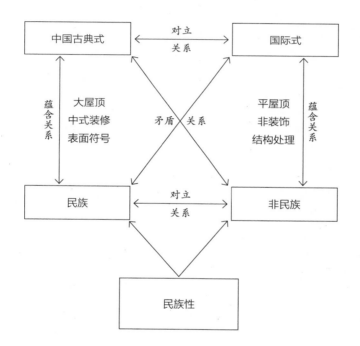

基于民族性论述的结构矩阵

"中国古典复兴式"是"民族"的，具体通过大屋顶、中式装修等表面化手段体现；与之对立的"国际式"是国际化的、"非民族"的，它大多采用平屋顶、没有多余装饰，重视结构处理，并不追求民族性表达。"中国古典复兴式"和"非民族"之间是矛盾的，国际式和民族之间虽然也是矛盾关系，但在童寯看来，这种矛盾可以调和。比较简单的方法是在国际式建筑局部部位（如入口、门窗等）做一些中式装饰，但最好的处理应该是在结构形式处理上展现民族特征，而这需要建立在全面掌握钢筋混凝土建筑原理与现代建筑设计原则的基础上。

2．话语基础

讨论民族性的前提是承认不同民族具有各自的精神特征，即民族精神，其概念来源于18世纪的欧洲，与现代民族国家的建立息息相关。法国思想家孟德斯鸠（Charles de Secondat，Baron de Montesquieu）、德国哲学家赫尔德（Johann Gottfried Herder）都曾对民族精神进行过定义。19世纪，黑格尔的民族精神概念以其明晰性和系统性而著称，他继承了赫尔德"每种文明都有自己独特的精神"的民族精神论点，从其理性统治世界及世界历史的基本理念出发，阐发了民族精神概念。在《法哲学原理》中，黑格尔指出，意志自由经过个人欲望、主观道德两个阶段，发展为主客观统一的伦理，而伦理的发展经过家庭、社会两个阶段，最终到达第三阶段——国家，实现了个人单一性和普遍性的统一，是理性必然性的实现。国家作为伦理实体的最高形态，是民族精神的现实体现。这种民族精神是一种民族自觉，意识到自我存在，并追求精神的完满性。当一个族群停留在家庭、部落的阶段时，其民族精神并不完满，只有确立自身客观合法性和固定合理性，成为国家时，才能得到广泛承认，获得完满的民族精神。当民族精神的伦理要求成为普遍的行为方式时，就表现为风尚，代代相传的风尚逐渐成为民族的心理结构，因此民族的宗教、政体、伦理、立法、风俗、甚至科学、艺术和技术，都具有民族精神的标记。同时黑格尔指出，由于受制于国家间的相互关系，民族精神会辩证发展为一种普遍的绝对精神——世界精神[①]。

在中国文化中，从周代起就有较清晰的民族观，即"夷夏之辨""夷夏之防"，经历了血缘衡量标准、地缘衡量标准的阶段，并最终形成文化衡量标准，以文化（服饰、礼仪、思想、道德等的综合体）区分先进的华夏族与落后的"蛮夷"，而不以血缘等单一因素区分[②]。近代中国面对西方强势的技术、经济、文化，产生了前所未有的危机感，为此康有为、梁启超等成立保国会（1898年），以保国、保种、保教为宗旨，其中保教便是保圣教（孔教）不失。同时期的张之洞的《劝学篇》更是明确提出"保种必先保教"，即保种不仅是生存斗争，更是保守自身文化，坚决捍卫儒教文明。《劝学篇》还总结了洋务派前辈如冯桂芬等人的思想，提出"中学为体，西学为用"，"中体"是指以孔孟之道为核心的儒家学说，"西学"是指近代西方的先进科技，"西学"为"中体"服务。孙中山的"三民主义"第一条即为民族主义，在政治上强调推翻清

---

① 引自纪娟的相关研究结论。参见：纪娟. 黑格尔民族精神探析［J］. 湖州师范学院学报，2010（3）：67-71.

② 引自柳岳武的相关研究结论。参见：柳岳武. "一统"与"统一"：试论中国传统"华夷"观念之演变［J］. 江淮论坛，2008（3）：150-155.

朝统治，反对帝国主义压迫；在文化上则强调以固有的家族、宗族观念孕育民族精神，并通过恢复传统道德及固有智识来恢复民族精神。

也正是由于建筑史（或艺术史）中长久以来的民族性论述，以及近代中国亡国灭种的危机，建筑界对民族性议题才会有如此热切的关怀。纵观当时建筑界以及国民政府对"中国古典复兴式"建筑的宣传话语，几乎都是赞美其宏伟壮观，体现中国特色，促进中国文化复兴。这些溢美之词几乎让人忘了它的教会出身。童寯的评论文章则一针见血地指出"中国古典复兴式"建筑是在华教会学校、教会医院的产物，不过反映了外国人对中国建筑的东方浪漫主义情结。这些外国建筑师并不能理解中国建筑的精华，只是在外观，特别是屋面上，采用了中国样式。这样的做法在经济上浪费惊人，在结构上极不合理，在外观上不伦不类，严重脱离钢铁水泥的时代。童寯批评"中国古典复兴式"建筑，并不代表他完全不关注建筑的民族性。只是他所认为的民族性并不需要通过刻意模仿古建筑的样式来实现，而是完全可以建立在当时开始流行的钢筋混凝土建筑上。

二、时代性

1．观点列举

在童寯20世纪30—40年代的评论文章里，"钢铁水泥"（或"钢骨水泥""钢筋水泥"）是一个高频词汇，而且经常搭配着"盛行""风行""标准"等词一起出现，举例如下。

"无需想象即可预见，钢和混凝土的'国际式'将很快得到普遍的采用。"①

"现代文明的首要因素——机器，不仅在进行自身的标准化，也在使整个世界标准化，我们不会感到奇怪，人类的思想、习惯和行为正日逐调整以与之相适应。在人类生活中不论是变化抑或是变化不足，都会对生活的庇护所——建筑物产生深刻影响。"②

"近代科学发达以前，中国建筑确有其颠扑不破的地位，惟自钢筋水泥盛行，而且可以精密计算其经济合用，中国建筑的优点都变成弱点。"③

"中国建筑今后只能作世界建筑一部分，就像中国制造的轮船火车与他国制造的一样，并不必有根本不相同之点。"④

"自从钢骨水泥风行以后，建筑技术，在简化施工及统一标准的科学方法下，这特殊风格，无疑地大见削减。"⑤

在童寯看来，建筑是时代的反映，有什么样的时代就应该有什么样的建筑。中国古典建筑在传统中国非常适用，它以木结构为基础，配以石作、彩画等，为古代中国人提供了合适的使用空间。但是时代发生了变化，随着钢铁、水泥等现代建筑材料以及相应的结构科学不断普及，建筑形式必然会发生巨大的变化，无论是西方

① 出自《建筑艺术纪实》，详见：童寯. 童寯文集（第1卷）［M］. 童明，杨永生，主编. 北京：中国建筑工业出版社，2000.

② 同①。

③ 出自《中国建筑中的特点》，详见：童寯. 童寯文集（第1卷）［M］. 童明，杨永生，主编. 北京：中国建筑工业出版社，2000.

④ 同③。

⑤ 同③。

的传统样式还是中国的传统样式，都失去了其优越性和适用性，最终都会被标准的"国际式"建筑取代。

此处同样可以根据童寯的论述，在时代性议题上构建出结构关系矩阵"中国古典复兴式"和"国际式"、"过时"和"流行"、"中国古典复兴式"和"流行"、"国际式"和"过时"，都是矛盾对立关系。"中国古典复兴式"蕴含着过时的特征，具体体现为材料非常原始、建造全凭经验、平面过于分散等；与之对立的"国际式"则以其新材料、科学计算、集约平面而风靡。

也正是由于将钢铁、水泥等现代建筑材料以及相应的结构科学等看作是时代的特征，在1970年的《应该怎样对待西方建筑》一文中，童寯列举了结构计算、材料设备等十余种目录作为应该向西方建筑学习的内容。

实际上，抗战前的中国建筑界就出现过一些以时代性为依据批评"中国古典复兴式"建筑的言论，陆谦受、黄钟琳、庄俊、过元熙等是其中的标志性人物。陆谦受在《我们的主张》中认为建筑不能离开时代的背景，建筑应该充分显示当下时代的进化特点，而不是开倒车，让人怀疑现在是唐、宋①。黄钟琳②在《建筑的原理与品质述要》中指出，一个时代有一个时代的形式和作风，古代建筑已跟着历史过去，它们固然很适合于当时，却不宜存于今日③。

---

① 出自《我们的主张》。参见：陆谦受，吴景奇. 我们的主张 [J]. 中国建筑，1937（26）：55-56.

② 黄钟琳（1909—?），上海人，毕业于唐山交通大学土木工程系，1936年创办黄钟琳建筑师事务所，曾在《建筑月刊》《时事新报》等刊物上发表多篇文章。

③ 出自《建筑的原理与品质述要》。参见：黄钟琳. 建筑的原理与品质述要 [J]. 建筑月刊，1933，1（9-10）：74-80.

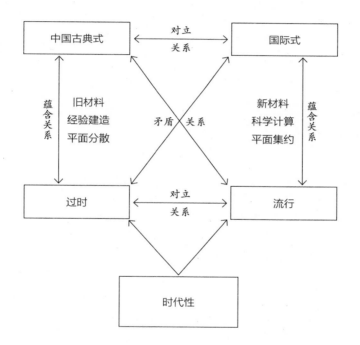

基于时代性论述的结构矩阵

庄俊的《建筑之样式》将建筑风格与新文化运动联系起来，他认为"摩登式之建筑，犹白话体之文也，能普及而又切用"，是"顺时代需要之趋势而成功者也"[1]。过元熙[2]的《新中国建筑之商榷》也指出，在科学昌明的时代，实业工商日益发达，出现了许多新的建筑类型，庙宇建筑无法满足这些类型的需求，而新出现的建筑材料正好可以满足时代的需要[3]。

其他近代建筑家及其"时代性"议题相关文献

议题	人物	文章 / 年份
时代性	陆谦受	《我们的主张》，1937年
	黄钟琳	《建筑的原理与品质述要》，1933年
	庄俊	《建筑之样式》，1935年
	过元熙	《新中国建筑之商榷》，1934年

2．话语基础

艺术（建筑）随时代发展而进化的观念同样源远流长。黑格尔在温克尔曼的基础上，进一步把艺术的发展看作一种辩证前进的过程，艺术把内容（理念）和形式（诉诸感官的形象）调和统一起来，以其感性的形象来表现理念，艺术的优劣就取决于理念

---

① 出自《建筑之样式》。参见：庄俊. 建筑之样式 [J]. 中国建筑，1935，3（5）：1-3.

② 过元熙（1905—?），江苏无锡人，1930年清华土木工程系毕业，麻省理工学院建筑硕士，费城美术学院肄业。曾担任芝加哥万国博览会监造、实业部筹备万国博览会设计委员和北洋工学院教授兼建筑师，广州新一军公墓的设计者。

③ 出自《新中国建筑之商榷》。参见：过元熙. 新中国建筑之商榷 [J]. 建筑月刊，1934，2（6）：15-22.

与形式的统一程度。根据理念与形式之间的不同关系，可以划分出三种不同的艺术类型或三个艺术发展阶段——象征型艺术、古典型艺术和浪漫型艺术。象征型艺术是理念还没在它本身找到所要的形式，往往只表现为图解的尝试，是艺术的原始阶段，以东方（中国、印度、埃及等）艺术为代表；古典型艺术实现了理念与形象的统一，是艺术发展的成熟阶段，以希腊艺术为代表；浪漫型艺术则再次打破了理念与形象的统一性，是艺术发展的超越阶段，以中世纪西方基督教艺术为代表。在其《哲学史讲演录》中，黑格尔还指出，政治史、国家的法制、艺术、宗教和哲学并不互为因果，而是它们都有一个共同的根源——时代精神。时代精神是贯穿所有文化门类的特定本质，各文化门类不过是时代精神不同成分的表现，这些文化门类无论表面看来具有怎样的多样性、偶然性、矛盾性，但基本上绝没有包含任何不一致的成分在内[①]。

黑格尔艺术发展的盛衰进化论和时代精神的艺术观念，深刻影响了一大批西方（尤其是德语区）艺术史学家，如包括布克哈特（Jacob Christoph Burckhardt）、沃尔夫林（Heinrich Wolfflin）、李格尔（Alois Riegl）、吉迪恩（Sigfried Giedion）、佩夫斯纳（Nikolaus Pevsner）等。同时也深刻影响了发起现代建筑运动的建筑师们，如柯布西耶《走向新建筑》里宣言式的呼吁："建筑是时代的镜子"；"一个伟大的时代刚刚开始，存在一种新精神，存在着大量新精神

的作品，它们主要存在于工业产品中"；"工业像一条流向它目的地的大河那样波浪滔天，它给我们带来了适合于这个被新精神激励着的新时代的新工具"；"近五十年来，钢铁和水泥取得了成果，它们是结构巨大力量的标志，是打翻了常规惯例的建筑标志，一个当代的风格正在形成……"①

而在中国文化界，严复翻译自赫胥黎（Thomas Henry Huxley）《进化论与伦理学》（*Evolution and Ethics*）的《天演论》，成为"五四"之前最畅销的社会科学著作，严复从而也被认为是"中国西学第一人"。该书宣扬的"优胜劣汰""物竞天择""适者生存"等社会达尔文主义思想成为人们的口头禅，影响了几代中国知识分子。不仅受康有为、梁启超、王国维等赞赏，还深刻影响了少年时代的胡适②、鲁迅等新文化运动的旗手，同时也影响了邹容③、陈天华④、孙中山等革命者。

一直伴随着建筑史（或艺术史）的进化论和时代精神观念，以及近代中国落后挨打的局面，让追求先进的中国建筑家们对沾沾自喜于"中国建筑文艺复兴"的建筑界忧心忡忡。他们一面抨击"过时的""中国古典复兴式"建筑，另一方面积极介绍引进西方最

---

① 出自《走向新建筑》。参见：柯布西耶. 走向新建筑［M］. 陈志华，译. 西安：陕西师范大学出版社，2004.

② 胡适的名字"适之"便是来自严复《天演论》里的"适者生存"。

③ 邹容（1885—1905），原名绍陶，又名桂文，字蔚丹，生于四川省巴县（今重庆市），在留学日本时改名邹容，中国近代著名革命宣传家，著有《革命军》。

④ 陈天华（1875—1905），原名显宿，字星台，亦字过庭，别号思黄，湖南省新化县人，同盟会会员，任《民报》编辑，以通俗的说唱体著《警世钟》《猛回头》《狮子吼》等文宣传革命思想。

新的建筑发展成果，希望借此改变中国建筑的落后局面，而建筑的时代性就是他们发起论战的重要思想武器。

三、真实性

1. 观点列举

童寯在批评"中国古典复兴式"建筑时指出，将中国式屋顶盖在最新式结构上是荒谬的，他首先认为这种做法使建筑的功能类型与其外观表现不一致。

"按中国古代习俗与传统，在佛寺、茶亭、纪念堂上放个瓦屋顶也属十分合理。但是，在所有按照现代设计内部的大大小小的房屋上都放个瓦屋顶，就立刻显得不适时宜和荒谬不经了。"①

其实在童寯之前，其他建筑家也对建筑的真实性发表过看法。过元熙在《新中国建筑之商榷》中认为当时的中国式建筑不过徒具皮毛，将宫殿庙宇式样套用在各种公共建筑上，将佛塔样式套用在水塔上，让人迷惑不解。

"近者颇有人注意中国式房屋，亟欲应用中国样式于公私建筑，然往往以中国旧式房屋之不合时用又不经济为憾事。且今日建筑界之提倡中国建筑者，徒从事于皮毛，将宫殿庙宇之样式移诸公司厂店公寓，将古旧庙宇变为住宅，将佛塔改成贮水塔，而是否合

---

① 出自《建筑艺术纪实》，详见：童寯. 童寯文集（第1卷）[M]. 童明，杨永生，主编. 北京：中国建筑工业出版社，2000.

101

宜，未加深虑，使社会人士对建筑之观念迷惑不清。"[1]

其他近代建筑家及其"真实性"议题相关文献（自绘）

议题	人物	文章 / 年份
真实性	过元熙	《新中国建筑之商榷》，1934年
	林徽因	《论中国建筑的几个特征》，1932年

除此之外，童寯还从建造的真实性方面批判了"中国古典复兴式"建筑，根据童寯在真实性议题上的论述，我们可以建构出"中国古典复兴式"和"国际式"、"不真实"和"真实"、"中国古典复兴式"和"真实"、"国际式"和"不真实"四对矛盾关系。"中国古典复兴式"是不真实的，表现为功能与外观的脱节、材料与表现形式不一致、结构表现不清晰、装饰与本体无对应关系等；而"国际式"的功能与外观一致，材料真实，结构理性，因此是真实的。

林徽因曾因中国传统木构建筑的结构原则与西方现代建筑的构架原则一致而欣喜乐观，她认为：

"中国架构制既与现代方法恰巧同一原则，将来只需变更建筑材料，主要结构部分则均可不有过激变动，而同时因材料之可能，更作新的发展，必有极满意的新建筑产生。"[2]

---

① 出自《新中国建筑之商榷》。参见：过元熙. 新中国建筑之商榷［J］. 建筑月刊，1934，2（6）：15-22.
② 出自《论中国建筑的几个特征》。参见：林徽因. 论中国建筑的几个特征［J］. 中国营造学社汇刊，1932，3（1）：163-179.

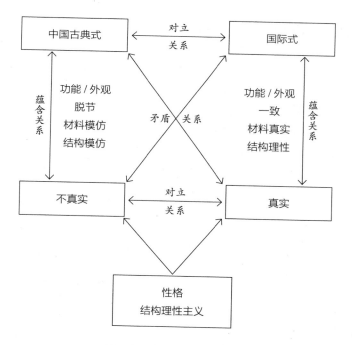

基于真实性论述的结构矩阵

与林徽因等中国建筑研究者一样，童寯也希望做出中国特色的现代建筑，但他们的路径考量却截然不同，这种差异依然源自"民族性"与"时代性"不易调和的对立性。"中国现代建筑"既蕴含着"民族性"，也蕴含着"时代性"，梁思成、林徽因显然优先考虑的是"民族性"，而非"时代性"，童寯却不以为然，在其建筑评论中，他写道：

"但西洋民族是进化的，其近代建筑物，采用钢铁水泥，由墙的负重改为柱的负重，用意与中国建筑略同，而以科学眼光解决其结构，发展前途，正未可量。有人问，若把一件北平宫殿的木架完全改为钢骨水泥，是否又坚固又科学化而美丽呢。不行，这部殿板西书要不得，因为材料不同，所以权衡安排也不应无别，中国式的建筑，如以钢骨水泥为材料，其式样恐要大加时代化"①

"中国木作制度和钢铁水泥做法，唯一相似之点，即两者的结构原则，均属架子式而非箱子式，惟木架与钢架的经济跨度相比，开间可差一半，因此一切用料权衡，均不相同……"②

在童寯看来，中国木作制度与采用钢铁水泥的做法虽然结构原则相似，但因为材料改变，一切安排都会跟着变化，而不仅仅是简单地把木材换成钢材就可以了。

---

① 出自《中国建筑的特点》，详见：童寯. 童寯文集（第1卷）[M]. 童明，杨永生，主编. 北京：中国建筑工业出版社，2000.
② 出自《我国公共建筑外观的检讨》，详见：童寯. 童寯文集（第1卷）[M]. 童明，杨永生，主编. 北京：中国建筑工业出版社，2000.

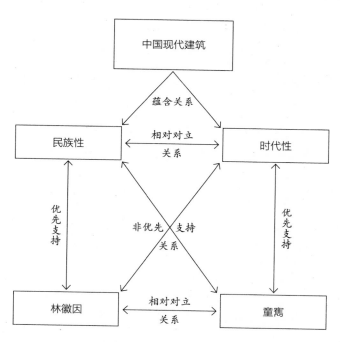

基于林、童观点的结构矩阵

2．话语基础

建筑的功能类型与其外观表现的一致性，其实与西方古典建筑中的"性格"（character）一词有关，18世纪洛可可建筑大师勃夫杭（Gabriel Germain Boffrand）将性格定义为建筑表达出的功能，如神庙、宫殿、教堂等应具有各自的特性，这种特性甚至与悲剧、田园、史诗、喜剧等文学体裁相联系。布雷（Étienne-Louis Boullée）根据建筑的光影，将"性格"与季节联系起来，如夏的华丽，秋的微笑，冬的肃杀。英国的索恩爵士（Sir John Soane）则将其概括为一种场所性，与情绪相关联[①]。中国式寺庙屋顶放到工厂上，表达出的功能特征自然与工厂应有的"性格"不符。

如果说民族性和时代性议题是在建筑的外围打转的话，建造的真实性问题可谓进入了建筑讨论的本体。建造真实性的批评论调来源于18世纪开始的真实性讨论，从洛多利（Carlo Lodoli）、洛吉埃（Marc-Antoine Laugier）、德昆西（Quatremère de Quincy）等人的论述，一直延续到英国的普金（Augustus Welby Northmore Pugin）和法国的维奥莱·勒·迪克（Eugene-Emmanuel Viollet-le-Duc），最终以结构理性主义的面貌出现[②]。结构理性主义将建筑视为材料与结构的理性建造过程，如建筑应揭示传递荷载的方式，符合力学逻辑和建造程序，装饰应丰富结构本体，而非附加在建筑上。

---

① 引自阿德里安·福蒂（Adrian Forty）的考证。参见：FORTY A. Words and buildings：a vocabulary of modern architecture［M］. London：Thames and Hudson，2000.

② 同①。

四、经济性

1．观点列举

在童寯20世纪30—40年代的论述中，经济性问题依旧是围绕"中国古典复兴式"和"国际式"的对比展开的。他的论述包括"中国古典复兴式"和"国际式"、"浪费"和"经济"、"中国古典复兴式"和"经济"、"国际式"和"浪费"四对矛盾关系。"中国古典复兴式"造价高，屋面下的空间难以利用，周围建筑为了与之协调也需要做成大屋顶，由此造成更大范围的浪费。"国际式"造价低、易与周边建筑协调、没有空间浪费，因此是经济的。具体如下摘录：

"很多人认为这一建筑（南京铁道部大楼）是盖得最有味道的。但是有趣的是，设想一下，倘若不用寺庙式的屋顶会节省多少金钱。"①

"现代建筑物的平屋顶无物或可代之，它通常盖在一小块用地上以谋求竖向的延展。瓦屋顶下的空间，光线不好，用处不大。相反，平屋顶不但不浪费下部空间，其上还能形成一片有用的面积。"②

---

① 出自《建筑艺术纪实》，详见：童寯. 童寯文集（第1卷）[M]. 童明，杨永生，主编. 北京：中国建筑工业出版社，2000.
② 同①。

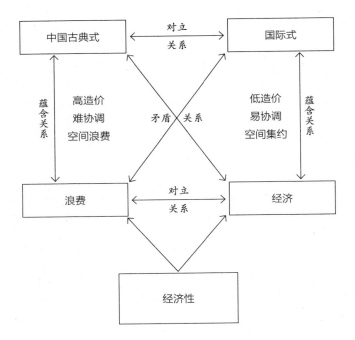

基于经济性论述的结构矩阵

其他建筑师如刘既漂[①]、过元熙等也均以经济性不足为由批判过"中国古典复兴式"建筑。实际上，即使是"中国古典复兴式"建筑的支持者，也不得不承认这种建筑在经济性上的不足。1934年11月的《中国建筑》卷首语《为中国建筑师进一言》一文就指出：

"中国古典复兴式"建筑既坚固，又美观，但却不经济，因此编者呼吁广大建筑师改造中国皇宫式建筑，使之既经济合用，而又不失东方建筑色彩。如果能依据旧有样式，采取新近方法，使中国式建筑因时制宜，永不落伍，那建筑师就可以永垂不朽了。[②]

其他近代建筑家及其"经济性"议题相关文献

议题	人物	文章/年份
经济性	刘既漂	《武汉大学新屋建筑谈》，1933年
	过元熙	《新中国建筑之商榷》，1934年
	《中国建筑》佚名编辑	《为中国建筑师进一言》，1934年

① 刘既漂（1901—1992），原名元俊，广东兴宁县人。里昂大学美术系毕业，回国后参与创立国立杭州艺术专科学校，任教务长兼建筑设计系主任，后任教中央大学，在上海、杭州、南京、广州等地开展设计业务，20世纪40年代中期离开中国，先后旅居美、英等国，1992年于英国去世。刘既漂是欧洲"装饰艺术"风格在中国近代的开拓者，他将经过简化、变形等处理后的中国古典元素作为建筑的装饰主体，冠以"美术建筑"之名，提倡建筑的艺术性。

② 出自《为中国建筑师进一言》。参见：佚名. 为中国建筑师进一言 [J]. 中国建筑，1934，2（11-12）：1.

2．话语基础

建筑的经济性是一个永恒的话题，古罗马时代的维特鲁威就在论述这一问题了。事实上，童寯的《建筑中的经济问题》，以及《卫楚伟论建筑师之教育》都以维特鲁威《建筑十书》的论述为基础展开。在西方，自文艺复兴以来，维特鲁威的《建筑十书》备受建筑师与建筑学者追捧，将其作为建筑师培养的基本读物。他们反复校勘、翻译和解读这部罗马时代的建筑手册，并将其中很多内容经典化，如坚固、实用、美观三原则，三柱式体系，五柱式体系等，对古典建筑设计、学院派教学体系、建筑评价体系、建筑史研究等均有深刻影响。由于《建筑十书》简明易懂，在业余建筑爱好者乃至普通知识分子那里也广受欢迎，典型者如英国业余建筑作家杰弗里·斯科特[①]（Geoffery Scott）于1914年出版的《人文主义建筑》（*The Architecture of Humanism: A Study in the History of Taste*），该书开篇第一句便是一个修正版的维特鲁威语录："良好的建筑有三个条件——方便、坚固和愉悦"[②]，除了分别对这三个条件进行论述外，该书还引出了分别以这三点为原则的评论模式及思维领域。《建筑十书》第一书中就讲到了配给（allocation）的问题，即对工地和材料的管理。其中就列举了使用当地材料替换昂贵难得的材料，如用河砂或海砂代替坑砂，用柏树、杨树、榆树、油松等替换冷杉、松木等；根据业主经济条件设计合适的建筑等，如为政治家和放债人设计的住房应有所不同，合乎各自的

[①] 杰弗里·斯科特（1884—1929），毕业于牛津大学古典文学系，英国诗人，建筑史学者。
[②] 这个修正版来自亨利·沃顿爵士的《建筑学要素》。

使用习惯①。

童寯对经济性的强调集中出现在1970年的《建筑中的经济问题》中。这个时候大屋顶建筑已经全面退场，20世纪50年代的反浪费运动，以及随后出现的"适用、经济，在可能的条件下注意美观"十四字建筑方针也已经正式确立。"大跃进"运动中更是提出"多、快、好、省"，将降低造价与快速设计、快速施工结合起来。这种对经济性的无限追求带来了各种各样的建筑事故，经常酿成人员伤亡的惨剧。正是在这样的背景下，童寯指出经济性并不是一味节省，该使用的材料、设备没有使用，反倒牺牲了安全性，或增加了后期维护的成本，带来更多的浪费。

五、阶级性

1. 观点列举

《我国公共建筑外观的检讨》一文曾指出，"中国古典复兴式"蕴含着封建式审美，拒绝时代美学；而"国际式"则蕴含着"时代审美"，排斥封建美学。"中国古典复兴式"和"国际式"、"封建审美"和"时代审美"、"中国古典复兴式"和"时代审美"、"国际式"和"封建审美"是四种矛盾对立关系。

这种把建筑外观风格与特定阶级关联的论点也是当时批判"中国古典复兴式"的入手点之一，比如1933年刘既漂对武汉大学宫殿

---

① 引自《建筑十书》的研究。参见：维特鲁威. 建筑十书 [M]. 陈平，译. 北京：北京大学出版社，2012.

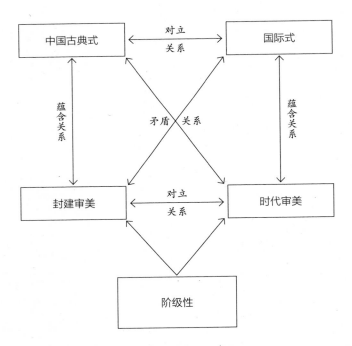

基于阶级性论述的结构矩阵

式建筑的评价里就曾写道：

"北京宫殿式作风在过去完全代表皇族权威与宗教之伟大……像这种制度，这种遗传性的威严，拿来用在革命潮流澎湃的新时代，未免有点开倒车吧。"①

在1970年的《应该怎样对待西方建筑》里，童寯列举的阶级性与外观风格不再挂钩，而是转为分析"空间—权力"，关注不同阶级的空间分配。比如美国豪华住宅中，用人的使用空间与主人的使用空间区分明确，交通流线截然分开；再比如种族隔离导致黑人要走专用走廊、楼梯、出入口等，存在空间隔离现象②。在这之前的1968年夏天，童寯也曾在思想检查中主动披露并反思自己曾经的"反动言论"：

"建筑物没有阶级，沙坪坝时代，伪中大校长蒋介石有专用厕所，后来他走了，厕所大家都可以用，我也去过"。③

2．话语基础

由以上分析可知，20世纪50年代前，童寯对"中国古典复兴式"建筑的阶级性认知基本停留在对其皇家建筑外观形式的批评上。而20世纪50年代后经常性的政治学习和思想改造运动让他主动或被动接受了马克思主义的阶级斗争理论，这才有了更加细致的"空间—权力"分析。

---

① 出自《武汉大学新屋建筑谈》。参见：刘既漂. 武汉大学新屋建筑谈［N］. 申报，1933-04-04.
② 出自《应该怎样对待西方建筑》，详见：童寯. 童寯文集（第1卷）［M］. 童明，杨永生，主编. 北京：中国建筑工业出版社，2000.
③ 出自《我的反动言论》，童寯. 童寯文集（第4卷）［M］. 童明，杨永生，主编. 北京：中国建筑工业出版社，2006.

第五节　建筑评论与工程实践

　　本章的内容是童寯的建筑评论文章，然而在20世纪30—40年代，撰写建筑评论并非他的主业。其实这一阶段他的主要身份是建筑师，大多时间和主要精力也投入在了工程实践中。童寯所在的华盖建筑师事务所抗战前在南京、上海有很多工程实践，抗战时期在西南地区如重庆、贵阳、昆明等地也有一些工程实践，因此本节关注童寯的建筑评论与其工程实践之间的关系。

一、历史视野下的建筑师职业

　　从历史的角度来看建筑师职业的浮现或许可以给我们一些启发。西方传统中，早在古埃及，建筑师就有冠名权，一些金字塔和太阳神庙的建筑师已经广为人知。在古希腊已经出现了专业建筑师运营的建筑学校和建筑工作室，建筑师不仅设计公共建筑，而且介入私人住宅设计，此时建筑师、工程师、规划师界限模糊。在古罗马，建筑师职业广受赞誉，他们在建造、水利、测量、规划等方面均有所建树。中世纪时期，建筑师与工匠领班之间没有了区分，建筑师的职业训练也变成了经验传递的学徒制，建筑师的传奇故事销声匿迹，建筑师职业没有得到持续的尊重。15世纪的工匠开始有了新的建筑观念，他们希望通过恢复古希腊和古罗马的光荣来界定自身。16世纪，建筑师在文艺复兴运动中探寻、发声，在社会中建立自己的地位。他们精通古典文化，用拉丁文写作，将自己定义为人文主义学者，并与教皇拥有一致的价值观。此时建筑师通过采用标准的训练、清晰的责任与权力界定而达到某种自治。17世纪，法国皇家建筑学院成立，建立了整合管理、绘图、规划、监理、工程的现代建筑工作制度，其课程一直到20世纪依然是重要的建筑教育基础，并深刻影响了欧美各国的建筑制度。由此可见，在西方，建筑师职业经历了几个世纪的酝酿和发展，拥有完备的工作制度和清晰的权力界定，同时也拥有较高的经济水平、社会地位和自主性[①]。然而即便如此，他们也无法全面主导设计，如19世纪德国著名建筑师辛克尔在设计弗里德里希核心岛教堂时，在同一个砌体外壳内做过哥特式和罗马风两套内部设计方案[②]；著名现代主义建筑师密斯·凡·德·罗（Ludwig Mies Van der Rohe）就曾因住宅设计和业主艾迪丝·范斯沃斯（Edith Farnsworth）的需求不符而被告上法庭[③]；俄裔美国作家安·兰德[④]（Ayn Rand）1943年出版的小说《源泉》（The Fountainhead）里也讲述了在折中主义建

---

① 引自Spiro Kostof的相关研究结论。参见：KOSTOF S. The architect: chapters in the history of the profession［M］. New York: Oxford University Press, 1976.

② 引自弗兰姆普敦的相关研究结论。参见：肯尼思·弗兰姆普敦. 建构文化研究：论19世纪和20世纪建筑中的建造诗学［M］. 王骏阳，译. 北京：中国建筑工业出版社，2007.

③ 引自诺拉·文德尔（Nora Wendl）的相关研究结论。参见：WENDL N. Sex and real estate, reconsidered: what was the true story behind Mies van der Rohe's Farnsworth House?［N］. Arch Daily, 2015-06-03.

④ 安·兰德（1905—1982），俄裔美国哲学家、小说家。著有《源泉》《阿特拉斯耸耸肩》等数本畅销小说。他的小说所要展示的是她理想中的英雄——一个因为其能力和独立性格而与社会发生冲突的人，但他却依然不懈奋斗，朝他的理想迈进。她的哲学和小说强调个人主义、理性的利己主义、彻底自由放任的资本主义。

筑流行的美国，一位不肯在风格上妥协的现代主义建筑师的艰难遭遇①。

　　对中国而言，建筑师这个职业在近代才开始在上海等通商口岸逐渐浮现。首先是外国建筑师，他们主要为租借的外国业主服务，和在西方语境下从业并无太多区别②。当20世纪20年代中国建筑师群体开始崛起的时候，他们并不能迅速被中国社会接纳，在实践中除了要和外国建筑师竞争外，也往往要和传统工匠、包工头等竞争，或者被业主视为这两种职业对待，难以在设计实践中取得话语权。因此如何让业主选择建筑师进行工程设计，如何让公众将建筑师与传统匠人、包工头、土木工程师等技术人员进行区分，如何建立统一标准的建筑工作制度，都是亟待解决的问题。正是在这样的背景下，行业组织如中国建筑师学会（会员均为建筑师）、上海市建筑协会（会员以营造厂商为主，也有建筑师、工程师、监理等）开始建立，建筑法规及标准开始推行，建筑教育制度开始在学院中建立，行业期刊如《中国建筑》《建筑月刊》等也开始发行。除此之外，建筑师还经常介入公共媒体，宣传建筑师职业群体，就

---

① 引自小说《源泉》的情节。参见：兰德. 源泉［M］. 高晓晴，赵雅蕾，杨玉，译. 重庆：重庆出版社，2005.

② 这些外国建筑师和他们雇主的关系与在其本国差别不大，但是他们在中国的项目经常面临建材缺乏、地质情况差、员工短缺、预算受限等问题，当其专业水平和协调能力不足以处理好这些问题时就会失去业主的信任。典型者如加拿大建筑师赫西（Harry Hussey），他在北京协和医学院项目中糟糕的组织能力让他丧失了洛克菲勒基金会在华的后续项目，这几乎毁了他毕生的职业声誉。而他的商业对手墨菲则在这些方面表现良好，从而获得了业主的信任，承接了大量教会建筑项目。详见：CODY J W. Building in China: Henry K. Murphy's "adaptive architecture": 1914-1935［M］. Seattle: University of Washington Press, 2001.

城市建设等公共话题发表意见，或干脆宣传自己的设计成果。如《申报》《时事新报》《东方杂志》《旅游杂志》《良友》等公共刊物都曾发表过建筑类内容。当然，参加各种社会组织，结交政界、商界、文化界各类精英，为扩展业务搞好人脉关系也是建筑师必不可少的活动。

二、工程实践中的风格妥协

在华盖的合伙人中，赵深的社会活动能力强，他通过工程关系在南京国民政府中结识了一些高官，如孙科、张治中①等，得到一些南京的行政建筑项目委托。陈植②因为家族关系，结识了很多上海、浙江的工商金融界人士，华盖的银行建筑设计任务大部分是他接到的。童寯则因为从沈阳、北平南下加入事务所，在华东地区并无社会关系，也不擅长交际，因此主要负责图房业务。华盖在南京的行政建筑设计主要有铁道部大楼扩建工程（1931年）、外交部大楼（1932年）、立法院大楼（方案，1937年）等。

---

① 张治中（1890—1969），字文白，安徽省巢县（今巢湖市）人，中国国民党党员，国民革命军二级上将，曾任湖南省政府主席、新疆省政府主席，曾主导参与多次国共和谈。1949年6月宣布脱离中国国民党，加入中国国民党革命委员会，任民革中央副主席。中华人民共和国成立后，历任中央人民政府委员、西北军政委员会副主席、中华人民共和国国防委员会副主席，于第三届全国人大常委会副委员长任上病逝。

② 陈植（1902—2001），字直生，浙江杭州人，早年留学美国，毕业于美国宾夕法尼亚大学建筑系。回国后与赵深、童寯合创华盖建筑师事务所，创作了一批在近代中国建筑史上具有影响的作品。中华人民共和国成立后，参加了上海中苏友好大厦工程、鲁迅墓、闵行一条街、张庙一条街等重点工程设计，晚年致力于上海文物保护、建设、修志等工作。

铁道部办公大楼最初是范文照、赵深（此时赵深在范文照建筑师事务所工作）设计的"中国古典复兴式"建筑，1930年建成。中间大楼高三层，重檐歇山顶，琉璃瓦屋面，斗拱、梁枋、门楣等构件俱全，均施彩绘，两侧附楼为两层，采用歇山顶。正是在这个项目过程中，赵深受到孙科的赏识，因此将后来的扩建工程（即抗战后的粮食部大楼）设计交给了华盖建筑师事务所。为了与之前的"中国古典复兴式"相协调，华盖在该扩建工程中也采用了"中国古典复兴式"。这便是童寯在《建筑艺术纪实》里提到的"考虑到已建部分所具风格，除了照用瓦屋顶老样外一筹莫展"[①]。

　　外交部大楼最早是基泰工程司于1931年设计的"中国古典复兴式"式样，但"一·二八"事变爆发后，外交事务增多，外交部内机构变得庞大复杂起来。而同时投资费用却紧缩了，原来的"中国古典复兴式"式样变得不再合用。此时基泰工程司在设计费问题上与外交部没有达成共识，外交部转而于1932年秋开始与华盖接触，由此华盖得到了该大楼的设计权。由于该大楼受《首都计划》中"中国固有式"规定的制约，但其经费却难以建造高造价的"中国古典复兴式"大屋顶建筑，因此该大楼最终采用了平屋顶。但同时在檐口加了简化的斗拱，在窗户、门头等部位做了中国传统的细部装饰，在室内也做了传统彩画，形成后来被定义为"新民族形式"的建筑物。尽管业内对建成后的外交部大楼赞誉

---

① 出自《建筑艺术纪实》，详见：童寯. 童寯文集（第1卷）［M］. 童明，杨永生，主编.
　　北京：中国建筑工业出版社，2000.

有加，1933年的《中国建筑》称之为"首都之最合现代化之建筑物之一"，但赵深、陈植、童寯三位合伙人对这种折中的做法并不满意[①]。

华盖的立法院大楼设计更是做了两套方案，这两套方案在平面布局上差别不大，均为"山"字形，其中一套为大屋顶的"中国古典复兴式"，包括三层高的庑殿顶主楼和二层高的歇山顶东西配殿。另一套为非常类似外交部大楼的"新民族形式"，采用简化的须弥座基座、立柱门廊、清水砖墙、雀替状构件承托的出挑屋面。虽然由于抗战爆发，立法院大楼未能付诸建造，但由两套方案的完成度来看，"中国古典复兴式"方案的设计深度远胜"新民族形式"，达到了施工图深度，而后者只达到方案深度，这说明立法院最终选择的应是"中国古典复兴式"设计[②]。

从以上几个工程实践案例来看，作为建筑师的童寯虽然非常反感"中国古典复兴式"建筑，也不满意中式装饰艺术风格的"新民族形式"建筑，但在实际执业过程中却不得不向业主妥协，即服从那些"有封建趣味的达官贵人"的意志。可见即使是最有名望的建筑师事务所，也无法全面主导建筑设计，尤其在外观样式的选择方面。

---

① 引自朱振通的相关研究结论。参见：朱振通. 童寯建筑实践历程探究（1931—1949）[D]. 南京：东南大学，2006.

② 引自高钢的相关研究结论。参见：高钢. 南京近代行政建筑 [D]. 南京：东南大学，2022.

南京国民政府外交部大楼现状
来源：周琦建筑工作室

南京国民政府外交部大楼大厅及外部的中式构件
来源：周琦建筑工作室

立法院大楼（大屋顶方案）建模效果图
来源：周琦建筑工作室

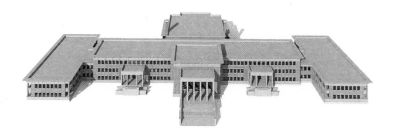

立法院大楼（平屋顶方案）建模效果图
来源：周琦建筑工作室

三、工程实践中的现代性追求

　　除了在实际工程设计中的"中国古典复兴式""新民族形式"外，童寯及华盖建筑师事务所也设计了一大批新潮的现代风格建筑，典型案例如南京的首都饭店（1935年）、美军顾问团公寓（1946年），上海的恒利银行（1934年）、兴业银行（1935年）、大上海戏院（1935年）等。在1936年的中国建筑展览会上，华盖建筑师事务所展出的均为现代风格建筑，如首都饭店、首都电厂、西藏路公寓、吴淞海滨健乐会等。其实早在事务所成立之初，三位合伙人就曾相约摒弃"大屋顶"，以追求现代建筑为志向。

　　在这一系列建筑作品中，有一个不那么引人注目的独立式住宅项目，却可以清晰表达童寯的建筑设计思路，那就是童寯在南京的自宅。该建筑从选址买地、设计、建造到经营使用的全过程均由童寯亲自控制，可以说最大限度地贯彻了他的意志。

　　虽然住宅与公共建筑分属不同类型，在功能和规模上区别甚多，但事实上，由于功能简单、造价低廉等性质，外加私有产权、居住习惯等因素，小住宅向来是建筑师最容易上手的项目，很多建筑师更是喜欢把自宅作为实践自己建筑理念的重要场所。现代主义大师中，赖特、柯布西耶、密斯、阿尔托等均设计过大量知名小住宅，这些住宅成为表达他们建筑思想的重要作品。中国近代建筑师中，杨廷宝、童寯等也均有一定的独立住宅实施项目。

　　抗战后，童寯负责事务所的南京项目，同时在中央大学建筑系任职，这期间他租住在中央饭店套房里，而他的家人则一直住在上海。内战的来临和国民政府经济政策的失败导致货币不断贬值，他越来越负担不起中央饭店的租金，最终在朋友的建议下决定买一块地，自己设计住宅。该住宅由鹤记营造厂建造，并于1947年完工，此后童寯夫妇一直居住于此①。童寯住宅位于今南京市太平南路文昌巷，包括主屋、门房、附属用房以及南北两个院子。南边的院子由主屋、附属用房和院墙围合而成，正对着餐厅和客厅；北边的院子由主屋、门房和院墙围合而成，正对着厨房。住宅外观近似普通的欧美郊区别墅，看起来与大多近代南京独立式住宅并无二致。毛石基座、红砖墙、一般抹灰饰面、木地板、木屋架、机平瓦屋面等建造技术也与南京近代砖木结构独立式住宅如百子亭、梅园新村等并无太多差异。

从不规则、非对称的平面配置②，以及由此产生的"时间—空间"体验③来看，这座住宅无疑非常符合现代主义建筑的特征。进入大门，穿过北边门房，经过三次转折来到主屋入口，一条昏暗的走廊连接起厨房、卫生间、储藏室等北部的服务空间。穿过昏暗的走廊，向上两个台阶，就进入了明亮的客厅和餐厅，客厅顶棚较高，使用白色抹灰，餐厅顶棚较矮，由半裸露的木梁构成。客厅北

---

① 据童寯次子回忆，童寯妻子关蔚然于1956年去世，之后童寯也一直定居于此，直至1983年去世。1949年梁思成邀请童寯北上，到母校清华大学执教，童寯拒绝的理由就是一家人好不容易团聚，在南京定居，不愿再奔波。
② 柯林·罗在其《新古典主义建筑》一文中，通过对早期现代主义建筑师如柯布西耶、格罗皮乌斯等人作品的分析，将非对称的周边式构图看作现代主义建筑重要的特征。
③ 吉迪恩在其《时间、空间与建筑》中，将"时间—空间"看作现代的空间观，其产生于毕加索等立体主义画家的绘画中，并体现在格罗皮乌斯等现代主义先锋建筑师的作品中。如包豪斯校舍，参观者没办法通过某个角度来把握该建筑的特征，而是必须绕其一周，这就在三维空间的基础上附加了时间元素。

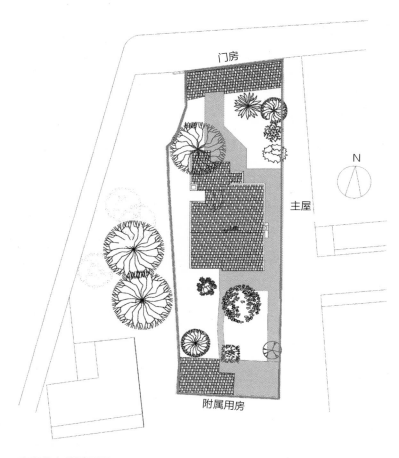

门房

主屋

N

附属用房

童寯住宅总平面图

侧的壁炉旁有间书房，兼作客房。二楼南侧为卧室和书房（现为卧室），北侧为储藏室和卫生间。自由平面、合理分区、流动空间是主屋的基本特征，在这里很容易看到赖特（Frank Lloyd Wright）和路斯的影响。进入主屋前设计复杂的空间序列、内部多功能共享空间是赖特的常用手法，此外，和赖特的住宅设计一样，这里也有一个壁炉，在赖特那里，壁炉处于中心位置，象征着家庭团圆，不过在这里，壁炉在客厅东北角，位置并不重要，只是用作热源。从主屋还可以看到路斯"体积规划"（Raumplan）的影子，"体积规划"将不同功能想象成几何体块，然后根据流线和空间关系来调整这些体块的位置和大小，因此在路斯的住宅设计中，经常出现不同高度和不同表面装饰的共享空间互相开敞，而在童寯的住宅，客厅和餐厅之间的这种关系尤其明显。

当我们把目光投向花园，就会发现这两个不大的花园基本上可以看作江南园林的简化版本。在《东南园墅》中，他是这样描述游览中国园林所体验的：

"在他眼前矗立着一幕并非为画家笔墨所描绘的，而是由一组茅屋、曲径与垂柳的图像构成的景色，无疑使人们联想起中国绘画的熟悉模式——同样的曲径弯向一个洞穴。"①

这种"直不如曲"的布局也出现在童寯住宅的花园里，该处基地大致为一方形，但是不规则的主屋、门房、附属用房将两个院子变得不规则，弯曲的道路和自然形态的植被进一步加强了这种不

---

① 出自《园林如绘画》。参见：童寯. 东南园墅［M］. 汪坦，译. 北京：中国建筑工业出版社，1997.

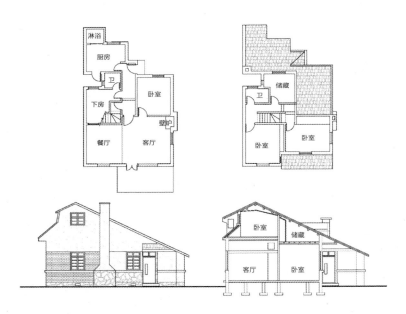

淋浴
厨房
卫
卧室
下房
壁炉
餐厅
客厅

储藏
卫
卧室
卧室

卧室
储藏
客厅
卧室

主屋平面图、立面图、剖面图

从客厅看餐厅

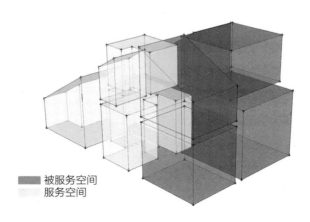

被服务空间
服务空间

主屋的体积规划

规则形态。穿过门房，参观者首先进入的是北侧花园，而主屋北侧是仅有一层，坡屋面，连同三次转折形成的锯齿形，进一步弱化了北侧的体量感，让房屋的体量减小，相对地，让花园看起来更舒适宽敞。经过三次转折，穿过主屋和院墙之间的狭窄通道，就来到更大的南侧花园，这种柳暗花明也是中国园林的常见体验。整体来看，除了难以维护的水体和昂贵的叠石外，花园里具备了中国园林的建筑、曲径、多样植物[①]等基本要素，可以视为简化的江南园林。

从使用上来看，大门在北侧，主屋北侧是光线较差的厨房、储藏室等服务空间，主要使用者为女主人，厨房在最北端，餐厅在最南端，形成漫长的"送餐—回收餐具"流线，南侧两层宽敞明亮的被服务空间主要使用者为男主人。相似地，北侧花园主要承担交通功能，主要使用者是女主人，种植海棠、枇杷、紫荆、丁香等象征美好爱情及和睦家庭的植物；南侧花园主要承担休闲功能，主要使用者是男主人，种植桂树、玉兰、枣树等象征高洁品德的植物。这种南与北、阳与阴、男与女的空间分配方式与那时的传统家庭劳动分工方式非常一致[②]。尽管童寯竭力追求现代建筑，还是依然不可避免地受到传统观念影响，最终在这座住宅中展现出一种折中复杂的现代性——既有西化的建筑外观和建筑设计方法，又吸收了江南园林的花园设计，同时还容纳着传统的家庭劳动分工和两性关系。

---

① 据童寯儿媳回忆，这些植物最早来自中山植物园。

② 赖德霖对童寯旅行日记的研究揭示了童寯对女性的轻蔑态度，并指出童寯的男权（父权、夫权）主义倾向。在笔者看来，正是由于夫妇俩对这种传统家庭伦理有着一致的认同，童寯夫妇的感情并未受损，产生不睦，而是相反，伉俪情深。参见：赖德霖. 童寯的职业认知、自我认同和现代性追求［J］. 建筑师，2012（1）：31-44.

第六节　中西文化碰撞与建筑话语竞争

中西文化的碰撞与冲突一直是近代以来的文化主题，20世纪前半叶文化界曾发生过两次激烈的中西文化论战。一次是"五四"前后以杜亚泉、梁漱溟等为代表的东方文化派与以陈独秀、胡适为代表的新文化派之间的论战；另一次则是20世纪30年代中期以王新命、何炳松等十位教授为代表的本位文化派和以胡适、陈序经为代表的西化派之间的论战。如果说"五四"前后的文化论战是北洋政府时代文化界的自发运动，那么20世纪30年代这场论战背后则有南京国民政府的深度参与。国民党于1933年成立了以陈立夫为理事长的"中国文化建设协会"，在陈立夫的策划下，十位教授的《中国本位的文化建设宣言》于1935年发表于该协会发行的《文化建设月刊》，宣言发表后，"中国文化建设协会"就要求各地分会做深入宣传研究，因此短时间内就将这次文化运动推向高潮。《中国本位的文化建设宣言》中声称中国政治形态、社会组织和思想的内容与形式已失去了它的特征，所以提出要使中国能在文化的领域中抬头，要使中国的政治、社会和思想都具有中国的特征，必须从事于中国本位的文化建设。论战另一方的胡适则认为文化本身就是保守的、惰性的，根本不需要人力去培养，人们应该焦虑的是文化的惰性，而不是中国本位的动摇。因此应该让科学工艺的世界文化及其背后的精神文明充分和中国的老文化接触，借助世界文明的朝气来打掉老文化的暮气，老文化里那些经得起外来文化冲击的，自然会发扬光大。而最后的结果也并不是百分百西式的，而是调和的中国本位的新文化①。

在建筑界同样也有类似的话语竞争，《中国建筑》《建筑月刊》《公共工程专刊》等专业期刊和报纸等公共媒介成为这些话语的载体和阵地。"中国古典复兴式"建筑通过参照旧形式来回应新形势，在满足使用要求（如现代化的技术设备及相对紧凑的平面布局）的前提下，提取中国传统建筑元素而发明"新传统"。它具有鲜明的象征性和仪式性，并且暗示着传统建筑文化的连续性。正因为如此，"中国古典复兴式"建筑的支持者不断陈述这种建筑对复兴民族文化的重要促进作用。这种民族性话语和南京国民政府的建筑政策话语不谋而合，政府凭借在城市规划及公共建设领域的领导、管理地位，将其确立为体制性话语，形成对其他话语的优势。这种情况在抗战前南京、上海等地的行政建筑项目中表露无遗。任何其他倾向的建筑师，只要想介入这些政府项目，就必须在外观风格上妥协。

虽然"中国古典复兴式"建筑依附政权的力量塑造了自身的合法性，但是在当时的话语体系中，它只满足了民族性的需求，时代性、真实性、经济性等方面的缺陷是它的薄弱环节，这为其他话语的攻击留下了漏洞。童寯完成于1937—1946年的《建筑艺术纪实》《中国建筑的特点》《我国公共建筑外观的检讨》三篇文章从

---

① 引自郑大华、盛邦和、刘亚桥等学者的研究。参见：郑大华. 30年代的"本位文化"与"全盘西化"的论战［J］. 湖南师范大学社会科学学报，2004，33（3）. 又见：盛邦和. 20世纪30年代关于"本位文化"的大讨论［J］. 上海财经大学学报，2011，13（5）：3-9. 以及：刘亚桥. "全盘西化"、"充分世界化"与"现代化"：胡适"全盘西化"之真义［J］. 甘肃社会科学，2000（2）：37-39.

时代性、真实性、经济性、阶级性等几个方面批判了抗战前流行的"中国古典复兴式"建筑，同时又从时代性、真实性、经济性几方面论证了以钢筋混凝土为基本结构材料的"国际式"建筑的合理性，进而呼吁相关决策者以及建筑从业人员抛弃大屋顶，迎接"国际式"建筑的到来。《中国建筑的外来影响》则从历史的角度论证了中国古代建筑体系的开放性，进而为引进以新材料、新结构、新技术及新设计方法为特点的"国际式"建筑奠定合法基础。"中国古典复兴式"建筑拥护者的主要考虑在于其民族性，童寯则认为民族性并不意味着只能模仿古代，而应该建立在时代性的基础上。

与此同时我们也能注意到西方建筑教育的基础读本维特鲁威的《建筑十书》成为塑造话语的基本内部程序系统。在这些话语的竞争中，维特鲁威的"坚固、实用、美观"三原则不断被引用和重新解读，甚至在20世纪50年代末的社会主义中国，被演绎成影响深远的"适用、经济，在可能的条件下注意美观"十四字建筑方针。同时，来自黑格尔艺术史的"民族精神""时代精神"以及由严复引进的"天演进化"也成为这个学科评论原则的一部分。

第三章

历史操作：童寯的建筑史写作

　　毫无疑问，建筑史是童寯写作的重要部分，其内容包含了西方建筑史、其他外国建筑史、建筑教育史、中国建筑史等广泛的题材类型。本章列举了童寯各个类型的建筑史文本，并选取其中的代表作（具体包括关于西方建筑史的《新建筑与流派》《近百年西方建筑史》，关于其他外国建筑史的《苏联建筑——兼述东欧建筑》《日本近现代建筑》《建筑教育史》，以及关于中国建筑史的《北平两塔寺》《中国建筑的外来影响》《中国建筑的特点》《中国建筑艺术》等文本）进行深入分析。一方面从其历史编纂的各个层面（层次、体裁、义例、程序、文笔）展示这些建筑史文本的编纂特点和过程，另一方面在史学理论的视野中考察其建筑历史观念。这两方面的分析都建立在多文本比较的基础上，由此可以看出童寯与当时其他建筑学者的异同，以及这些编纂方式和历史观念的话语基础和可能的来源。

童寯建筑史代表作统计

题材类型	代表文本	发表时间	出版单位	字数
西方建筑史	《新建筑与流派》	1978年完成，1980年出版	中国建筑工业出版社	约13.4万字
	《近百年西方建筑史》	1979年完成，1986年出版	南京工学院出版社	约12万字
其他外国建筑史	《苏联建筑——兼述东欧建筑》	1982年出版	中国建筑工业出版社	约2.9万字
	《日本近现代建筑》	1983年出版	中国建筑工业出版社	约7.5万字
建筑教育史	《建筑教育史》	1982年完成	未出版	约2.6万字
中国建筑史	《北平两塔寺》	1931年发表	《中国建筑》	约800字
	《中国建筑的外来影响》	1938年发表	《天下》月刊	中文版约3700字
	《中国建筑的特点》	1940年发表	《战国策》	约2200字
	《中国建筑艺术》	1944—1945年完成	未发表	中文版6300字

第一节　西方建筑史写作

　　童寯的西方建筑史写作始于1930年在沈阳东北大学任教期间，如1930年的《建筑五式》《各式穹窿》，同时还有涉及建筑制图及建筑构造的《制图须知及建筑术语》《比例》《做法说明书》等手稿，这些手稿都是为东北大学建筑学科基础课程所作，当时并未公开出版。20世纪60年代他撰写了《近百年新建筑代表作（资本主义社会）》《资本主义社会统治者的建筑方针》及建筑教育方面的手稿作为南京工学院内部教学参考（当时也未公开出版）。"文革"结束后，他又在《建筑师》杂志上发表了一系列西方建筑史论文，包括《外中分割》（第1期，1979年）《悉尼歌剧院兴建始末》（第4期，1980年）《外国纪念建筑史话》（第5期，1980年）《新建筑世系谱》（第6期，1980年）《建筑设计方案竞赛述闻》（第7期，1981年）《巴洛克与洛可可》（第9期，1981年）《建筑科技沿革》（分四部分登载于第10、11、12、14期，1982—1983年）等，同时还出版了《新建筑与流派》（1978年，1980年出版）《近百年西方建筑史》（1979年完成，1986年出版）两部著作。

　　从时间上看，童寯20世纪30年代的写作以西方古代建筑史为主，60年代之后的写作以西方现代建筑史为主。从用途上看，20世纪30年代和60年代的西方建筑史写作在当时并未出版，主要是为了内部教学参考；而20世纪70年代末及80年代初的写作大多公开出版或发表，面向更广阔的行业受众。从数量上看，西方现代建筑史的内容占了绝对多数，《外国纪念建筑史话》《建筑设计方案竞赛述闻》《巴洛克与洛可可》等文章虽然从古代讲起，但都延伸到了现代。从内容上看，古代建筑史部分由于针对基础教学，因而浅显易懂，主要摘录自《建筑十书》《比较建筑史》等西方古代建筑史课程常用教科书；相比之下，现代建筑史部分信息来源广泛[①]，内容相对深入，尤其是《近百年西方建筑史》《新建筑流派》两部书籍，自成体系，可以较为深入全面地反映童寯的建筑史学观念。因此本节主要分析这两部西方现代建筑史文本。

一、历史编纂学角度下的童寯西方现代建筑史写作

1. 层次："述而不作"

按照著作、编述、纂辑三个层次划分，《近百年西方建筑史》《新建筑与流派》这两部西方现代建筑史文本显然更多的是纂辑和编述。由于存在地域和文化隔阂，完全依赖于对西方建筑物及建筑师的实地调查和文献考证进行原创性历史书写，对中国建筑学者来讲几乎是不可能的事。而且由于这类著作在西方学术界已经非常多样普遍，也并没有必要做这类基础性工作。因此对已有建筑史和建筑刊物进行纂辑，再加上一定的编述加工显然是一种简便合理的方

---

① 根据赖德霖的调查，这些参考资料既有西方流行的建筑杂志如《建筑实录》，又有《时间、空间与建筑》这样的现代建筑史著作。参见：赖德霖. 童寯的职业认知、自我认同和现代性追求 [J]. 建筑师，2012（1）：31-44.

法。而从述、作、论三个层次来看，这两个建筑史文本大体可以算作"述而不作"——较少进行评论，更多将自己的观点和立场隐藏在选取的资料和案例之中，这点与上一章的建筑评论形成鲜明的对比。

比如，从目录来看，《近百年西方建筑史》《新建筑与流派》这两个文本只能看到时间轴、地域、建筑流派及精英建筑师、建筑案例等客观内容，并不能看到作者的主观论述；从具体内容来看，词条化的名词解释也以客观信息的介绍为主，主观判断较少，如果有，也往往引用西方相关著作中已经非常成熟的、无太多争议的评价。以两部著作的第一个建筑案例——水晶宫为例，除了必要的历史背景、建设缘由、建筑特点介绍外，也只是增加了当时一些新闻报道中的描述：

"1851年伦敦举办国际博览会，征集各国工业产品，公开展览，为此需筹建陈列大厅。但因开幕时期紧迫，不得不放弃传统建筑观念而选用园师职业者派克士顿花房式'水晶宫'。这方案具有新建筑一些特点如：全用预制构件，现场装配；用陈列架长度做模数，排列柱距闭幕后全部拆卸在另一地点复原。面积7.2万平方米，而支柱截面面积总和只占其千分之一，九个月完工。来自世界各地参观的人，当时还未具备接受水晶宫所表现的时代精神的条件，而只异口同声赞扬着铁架玻璃形成的广阔透明空间，不辨内外，目及天际，莫测远近的气氛。这特色是任何传统建筑所达不到的境界……"①

---

① 水晶宫是《近百年西方建筑史》中第四个词条，第一个建筑物案例，《新建筑与流派》中第一个词条，二者对其描述基本一致，这里摘录后者的描述。

这种追求客观、科学的治史方法在建筑史领域以"弗莱彻建筑史"系列为代表。从1896年弗莱彻父子首次出版《比较建筑史》以来，目前该系列已修订至第二十一版，书名也变为《全球建筑史》。该系列建筑史以时间、地域和风格为划分依据，对各时代、各地区、各风格、各类型的代表性建筑案例进行图文并茂的介绍，形成一部堪称建筑辞典的大部头史学著作。在具体叙述中，以基本信息（如时间、地点、用途、建筑师、建筑风格等）为主，避免对建筑进行主观评价。童寯在美国求学期间，《比较建筑史》便是建筑历史课程最重要的参考书籍；在东北大学任教期间，《比较建筑史》也是该校重要的教学参考资料；童寯在"九·一八"后离开沈阳南下时，就随身携带了东北大学的《比较建筑史》全套幻灯片，直至中华人民共和国成立后才有机会归还①。由此可见他对这套资料的看重，进一步可以推断，童寯的这种治史方法应该直接受到"弗莱彻建筑史"系列的影响。

事实上，这种追求客观、科学的治史方法实际上是19世纪以来兰克②史学"如实直书"原则的体现。兰克史学强调历史事实独立于历史学家主观意识，历史应成为一门科学，以还原事情本来面目为主要任务。兰克史学占据了19世纪西方历史学的主流，后传播

---

① 来自童寯家属的记录。参见：张琴. 长夜的独行者［M］. 上海：同济大学出版社，2018.

② 兰克（1795—1886），19世纪德国著名历史学家，主张用科学的态度和方法研究历史，被誉为近代客观主义历史学派之父。代表作有《拉丁和条顿民族史》《十六和十七世纪的奥斯曼人与西班牙君主政治》《塞尔维亚革命史》《教皇史》《宗教改革时期的德国史》《普鲁士王国史》《法国史》《英国史》等。

至日本，进而影响中国。如梁启超在日本流亡期间接触到的浮田和民①的《史学通论》，就是兰克学派在日本史学界流行的成果，他的《新史学》大量引用了浮田的《史学通论》，而中国学者如陈寅恪、傅斯年、姚从吾等则直接在兰克的家乡德国接触到了兰克学派。这些中国学者一方面看到兰克史学对史料的严格考证和乾嘉学派有相似之处，另一方面也认识到中国需要客观的史学来革除传统褒贬式史学的弊端②。其中傅斯年走得最极端，他自封为"中国的兰克"，否定历史学家的主观价值判断，宣称要把历史学、语言学建设得和生物学、地质学等自然科学相同，同时提出了他那句广泛流传的口号"近代史学只是史料学"③。

然而，历史学真的可能是客观的吗？英国史学家卡尔（Edward Hallett Carr）在其《历史是什么》中指出，具有真实性的史料对于历史学家来说只是原材料，并不是历史本身。如何选择这些史料、以什么顺序，在何种情境下组织史料，都由历史学家来做，因此不可能做到绝对的客观。海登·怀特（Hayden White）则认为叙述体这种历史著作常用的形式，必然要求历史学家不断挑选、整理、裁剪史料，加以编排，以形成完整的故事，这种裁剪史料就是

---

① 浮田和民（1859—1946），日本历史学家，在耶鲁大学学习政治学和历史学。曾担任早稻田大学教授，有《史学原论》《西洋上古史》《西洋中近世史》等代表性史学著作。

② 引自易兰的研究结论。参见：易兰. 兰克史学之东传及其中国回响［J］. 学术月刊，2005（2）：76-82.

③ 傅斯年在1928年的《历史语言研究所工作之旨趣》中表示："近代的历史学只是史料学，利用自然科学供给我们的一切工具，整理一切可逢着的史料，所以近代史学所达到的范域，自地质学以致目下新闻纸，而史学外的达尔文论正是历史方法之大成。"参见：张广智. 傅斯年、陈寅恪与兰克史学［J］. 安徽史学，2004（2）：13-21. 又见：傅斯年. 傅斯年全集. 第三卷［M］. 长沙：湖南教育出版社，2003.

在制造情节，因此历史写作与文学创作并无二致。汉斯·科尔纳（Hans Kellner）则认为历史学家进行历史分期时，就体现了他们对历史的理解与解释，因此不可能真正做到兰克学派强调的"如实直书"。

以《比较建筑史》为例，尽管其描述的都是建筑的基本客观信息，然而其断代依据，各时代、各地区、各风格案例选择的多寡，都有其主观作用。如早期版本中西方和非西方的划分、历史风格和非历史风格的划分，无不体现出历史学家的西方中心主义取向。目前最新版本中，这些划分已经几乎消失，各地区近乎平均用力，也体现了在全球化背景下，编者对各地区建筑文化的尊重。而《近百年西方建筑史》《新建筑与流派》这两部西方现代建筑史文本也一样如此，它们并不因为这种客观、科学的编纂方式就完全排除了作者对现代建筑的认知，仅仅只是资料性的文本。

2. 体裁：纪传体/学案体

现代大多新编历史著作都习惯采用章节体，童寯的两部西方建筑史文本也不例外。《新建筑与流派》分为七章：第一章　工业革命后的欧洲；第二章　二十世纪新建筑早期；第三章　第一次世界大战后；第四章　第二次世界大战后；第五章　城市规划；第六章　国际建筑代表者；第七章　新建筑后期。《近百年西方建筑史》分为八章：第一章　十九世纪社会与建筑；第二章　新建筑萌芽；第三章　十九世纪末到第二次世界大战；第四章　第二次世界大战前后新建筑在北美；第五章　新建筑在拉美；第六章　新建筑在欧洲；第七章　现代建筑发展方向；第八章　新建筑趋势。

从目录就会发现两部建筑史文本均有一条衔接紧密的时间线

索，即从19世纪到19世纪末20世纪初，再到"一战"、"二战"、战后。然后在各自的章节内描述该时期各地区出现的精英建筑师与建筑流派，以及发生的建筑事件，这与传统的编年体史书体裁相像，这样的编纂方式，其优点是时间线索明确，比较容易反映历史事件的时代背景。关于"二战"之后章节的安排，《新建筑与流派》在"第七章　新建筑后期"之前插入了"第五章　城市规划""第六章　国际建筑代表者"两章，以补充在时间序列中不好处理的人物，以及可以单独成系统的城市规划方面的内容。《近百年西方建筑史》对"二战"前后的处理是分地区（北美、拉美、欧洲）叙述的；最后两章又回归时间序列，描绘当下，展望未来。第四章、第五章、第六章三章的安排与传统的国别体类似，通过分地区叙述，增加了时间序列中"二战"前后现代建筑发展的丰富性。这与1975年第18版《比较建筑史》的编排方式非常类似，《比较建筑史》"第四十章　国际建筑（1914年之后）"先总述1914年之后现代建筑的发展，其中包括了一些代表性人物（如四大师），然后为具体词条式案例。案例部分除了按照时间顺序线性排列，也区分了欧洲大陆、美洲、英国三大地区和居住、宗教教育、工商业等建筑类型。结尾为20世纪50年代后期现代主义已经全面确立主导地位后，现代建筑的继续发展，包含一些对现代建筑的反思和展望的内容。

翻完目录进入正文，读者会发现书中内容都是百科全书式的词条，词条为精英建筑师、建筑流派或其代表作品。以两部著作的第一章为例，《新建筑与流派》的词条包括水晶宫、拉斯金、散普尔、科尔、莫里斯、红屋、手工艺运动、二十人团、霍特、新艺术运动、芝加哥学派、詹尼、沙利文、有机建筑等14个词条；《近百年西方建筑史》则是工业革命、新建筑、工艺美术运动、水晶宫等4个词条。两本著作中，词条按文中出现的顺序跨章节排序，即第二章的词条接着第一章继续，而不是从1开始计数，《新建筑与流派》全书共122个词条，《近百年西方建筑史》全书共86个词条。这种词条式的安排其实也是采用了《比较建筑史》的编写方式。同时这种以为人物、组织、流派立传来记叙史实的方式很接近传统史书中的纪传体和学案体①体裁。

综上所述，《新建筑与流派》和《近百年西方建筑史》两部西方现代建筑史文本在体裁上采用了时间序列的编纂方式，在时间序列的章节下，又以词条式的纪传体为文本内容，可以比作是编年体与纪传体、学案体的结合。在这样的体裁背后，其实隐含了作者的历史观念，编年体暗含着建筑史随时间的线性推移而发展变化的观念，纪传体、学案体则暗含着建筑史是由被立传的精英建筑师或流派团体所主导的观念，这便进入了下一节里建筑历史本体论讨论的范畴。

3．义例：突出设计

《新建筑与流派》和《近百年西方建筑史》两部西方现代建筑史文本在具体建筑师、建筑案例的描述上是一致的。它们对具体建筑师、建筑物的选择与《比较建筑史》很接近，在具体描述上虽然

---

① 学案体的结构一般包括学术人物的传记、言行、作品以及他人对该人物的评述，特别强调学术流派的师徒传承关系，是一种以记录学术史为核心的综合性史书体裁。学案体开创于宋代，以朱熹撰写的《伊洛渊源录》为代表，明末清初是学案体的鼎盛时期，以黄宗羲、全祖望等的《宋元学案》《明儒学案》为代表。参见：李文辉．从《伊洛渊源录》到《明儒学案》：学案体之体例演进研究［J］. 中山大学研究生学刊（社会科学版），2009（1）：1-20.

也接近《比较建筑史》，但比后者辞典式的简练稍显具体，同时也更加突出设计手法、设计思想。如对建筑四大师的描述中，除了包含建筑师的生平经历外，也把他们的代表作品一起做介绍，这样让读者看起来更有连贯性。在对建筑物的介绍中，除了时间、地点、建筑师、业主、功能、技术指标外，往往会更加突出该建筑的特点、设计手法、重要影响及地位，有时也会引用重要人物的评价或和其他作品进行对比说明。

如柯布西耶设计的萨伏伊别墅，《比较建筑史》的介绍包括了时间、地点、建筑师、建筑特色，具体如下：

"萨伏伊别墅，普瓦西，法国（1928—1931年），柯布西耶设计，（与加歇别墅）原则相似，而设计不同。主要楼层由下方柱网架空，坡道代替楼梯成为进入其中的主要途径。绝大多数居住空间在二楼，该层还有一个围合的露台。二楼上面是屋顶花园，通过弧形墙面与楼梯和小亭子隔开，一层的核心是宽敞的圆形前厅，坡道从这里开始。上面两层悬挑出前厅两端，但由于柱子位于方形体块表皮之后，因此二层的窗户看起来几乎像是连续的带形水平窗。"①

而《新建筑与流派》中除了时间、地点、建筑师外，格外突出设计手法，并增加了与另一位建筑师赖特的作品的比较，以及赖特对这座建筑的评价，具体如下介绍：

"柯布西耶1929年在巴黎郊区设计的萨伏伊别墅是其代表杰作，其中把《走向新建筑》书中五特点都体现出来，即一，头层悬

---

① 该段由笔者译自第18版弗莱彻《比较建筑史》，参见：MUSGROVE J. Sir Banister Fletcher's a history of architecture [M]. London: Charles Scribner's Sons, 1975.

空，支柱暴露；二，平屋顶花园；三，框架结构；四，横向连续条形玻璃窗提供大量自然光线；五，贯通两层高的起居室，以及坡道、螺旋扶梯、弧面墙包围小间等布置手法，形成抽象空间。这座白壁悬空住宅，宛如田野间一盘机器，是脱离自然环境的人工制造品。和赖特的草原式住宅相比，则草原式如土生土长，住宅是作为地面一部分升起的。无怪赖特讥笑萨伏伊别墅是'支柱架起白盒子'。"①

再以精英建筑师——维也纳学派的瓦格纳（Otto Wagner）为例，《新建筑与流派》和《近百年西方建筑史》的介绍基本一致，均可归纳为学术经历、代表作品和建筑思想三项，具体如下：

"比散普尔晚一辈的要算奥地利人瓦格纳，他是散普尔的学生，受过古典训练；到50岁以后主持维也纳学院建筑专业。就在这时，他思想转变，著《新建筑》，1895年出版，1914年四版。这是'新建筑'一词首次用德语正式出现。书中主张艺术创作只能来自生活，新结构原理和新材料必导致新形式出现，和新时代要求取得协调。他1906年在维也纳邮政储蓄银行营业厅拱形钢架玻璃天花处理上，和1910年在维也纳大学图书馆外墙处理方案，用大片石材接缝表明是贴面而不是实砌，都是新颖手法。"②

由以上案例和分析可见，《新建筑与流派》和《近百年西方建筑史》两部西方现代建筑史文本在义例上，除了简要的基本信息

---

① 出自《新建筑与流派》"57. 萨伏伊别墅"词条。参见：童寯. 新建筑与流派［M］. 北京：北京出版社，2016.

② 出自《近百年西方建筑史》"7. 瓦格纳"和"8.《新建筑》"词条（二者合用同一解释）。参见：童寯. 近百年西方建筑史［M］. 南京：南京工学院出版社，1986.

外，更加突出对设计手法和设计思想的介绍，这也是为建筑师提供设计参考的写作初衷使然。

4. 程序：卡片收集

《近百年西方建筑史》和《新建筑与流派》这两部西方现代建筑史文本并非一蹴而就。事实上；从20世纪60年代开始，童寯就陆续撰写了《近百年新建筑代表作（资本主义社会）》《资本主义社会统治者的建筑方针》等介绍西方现代建筑的文本。在这两部建筑史文本完成前后，他在《建筑师》等期刊上也发表了很多介绍西方现代建筑的文章。这说明《近百年西方建筑史》和《新建筑与流派》的准备工作至少从20世纪60年代就开始了，并且一直在持续。事实上，据其助手宴隆余先生回忆[①]，童寯对西方现代建筑及建筑教育的资料收集，从抗战时期在重庆时就开始了，持续了几十年。他的工作方式是在看书时做大量的摘抄笔记，写在小卡片上，并分类整理，积累到一定程度的时候，将其写在初稿上，反反复复地修改，直至定稿。因此《近百年西方建筑史》《新建筑与流派》都做成词条的形式，和他这种工作方式也有密切关系。不过遗憾的是，他并未记录这些小卡片是从哪里参考摘录的。

5. 文笔：简练朴素

通过前文的几段摘录可以看到，《近百年西方建筑史》《新建筑与流派》这两部西方现代建筑史文本在文笔上平铺直叙，讲究简练朴实。这与其建筑评论中经常使用幽默诙谐的比喻十分不同，也

---

① 见宴隆余的悼念文章《高风亮节、博古通今——悼念童寯先生》，参见：童明，杨永生.
　关于童寯［M］. 北京：知识产权出版社，2002.

和他在中国园林写作中采用精妙高雅的文言文的做法大相径庭。据其助手宴隆余回忆，童寯要求他写文章要像拍电报一样简练①。童寯本人也非常欣赏17世纪法国剧作家拉辛（Jean Racine）的名言——"文笔风格是用最少的词句表达思想"②。

这种朴实、简练、客观的表达方式也和《比较建筑史》近乎辞典式的描述一致，《比较建筑史》中每个词条的描述少则几十词，多亦不过二百余词，只呈现建筑的基本信息。童寯的这两部西方现代建筑史文本中，每个词条的长度倒详略有别，不尽相同。既有百余字的简短词条（如《新建筑与流派》里的17.麦金陶什），也不乏两千多字的详尽词条（如《新建筑与流派》里的43.包豪斯）。但是每个词条里的文字都非常凝练，几乎没有文学性的修辞。

二、史学理论视野下的童寯西方现代建筑史写作

1. 精英建筑师主导下的现代建筑进程

《新建筑与流派》《近百年西方建筑史》这两部文本在内容上有大量重合之处，其完成时间仅相差半年，相互借鉴之处颇多。可见在作者看来，使用《新建筑与流派》中的精英建筑师和有影响力的建筑流派为主要内容来编写一部西方现代建筑通史并无不妥。郭湖生曾将《新建筑与流派》定位为一本"歌颂新生事物、歌颂建筑

---

① 见宴隆余的悼念文章《高风亮节、博古通今——悼念童寯先生》，参见：童明，杨永生. 关于童寯 [M]. 北京：知识产权出版社，2002.
② 该句子出自1981年的《引语集锦》，参见：童寯. 童寯文集（第2卷）[M]. 童明，杨永生，主编. 北京：中国建筑工业出版社，2001.

史上先驱人物的书"。换言之，一部《近百年西方建筑史》，就是精英建筑师及其团体主导下所创造的现代建筑的历史。我们以该书叙述的现代建筑的确立过程为例来具体说明。

在德语区，辛克尔（Karl Friedrich Schinkel）、森佩尔（Gottfried Semper）、瓦格纳、维也纳分离派（Vienna secession）、贝伦斯（Peter Behrens）、路斯等精英建筑师及团体是现代建筑的先驱，传承至包豪斯的格罗皮乌斯（Walter Gropius）、密斯，终以格罗皮乌斯的法古斯鞋楦厂为现代建筑的真正起点。而格罗皮乌斯、密斯是现代建筑师的中坚力量，建筑四大师名额中占其二。

在法国，作为保守势力的巴黎美院极大地抑制了现代建筑的发展。拉布鲁斯特（Henri Labrouste）、艾菲尔、佩雷（Auguste Perret）虽然使用工业材料，却还是新古典主义的观念，一直到了柯布西耶的作品出现，才标志着法国现代建筑的诞生，柯布西耶也位列四大师之一。

在英国，作为现代建筑仇视者的反面人物拉斯金（John Ruskin）和莫里斯（William Morris）及其所主导的工艺美术运动，抑制了现代建筑在英国产生，一直等到20世纪30年代躲避纳粹迫害的格罗皮乌斯等德国建筑师到来，英国新建筑才得以发展，他们到来之前只有威廉斯（Evan Owen Williams）、泰克顿技术组（Tecton Group）等极少数建筑师及团体的作品可以算作现代建筑。

在美国，芝加哥学派的詹尼（William Le Baron Jenney）、沙利文（Louis H. Sullivan）是现代建筑的先驱者，赖特是现代建筑的确立者，在欧洲受到追捧后被美国人接受，进入四大师行列。此时巴黎美院的影响依然强大，芝加哥、纽约的建筑师设计现代高层建筑只是跟风之举。一直到20世纪30年代格罗皮乌斯等德国建筑师赴美，彻底铲除了巴黎美院的根基，才确立了现代建筑在美国的统治地位，"二战"后的美国现代建筑师，也大多是其门生。

从上述童寯对现代建筑确立过程的描述来看，建筑四大师占有绝对的主导位置，尤其是德国的格罗皮乌斯和密斯，他们像带有神圣光环的福音传播者，将德国的现代建筑传播到英美国家，主导了英美的建筑走向。在作者的两个建筑史文本中，描写四大师的文字也远远多于其他人。《近百年西方建筑史》开篇第一句就是：

"半个世纪以前，西方以美国赖特为首的现代建筑四代表，已稳居权威之位，各用独特风格为新建筑定下调子；他们的同时出现，可视为意大利文艺复兴历史盛况的重演……但却不约而同都留下大批清透简洁立体式作品，形成1932年被贴上'国际建筑'标签方盒子。"①

在童寯看来，这四位20世纪前半叶新建筑中最有影响力的大师各有所长，赖特的构思、密斯的法度、柯布西耶的授型、格罗皮乌斯的诲导，都达到了常人难以企及的高度。后三位欧洲建筑师都得益于在贝伦斯事务所的工作经历，格罗皮乌斯在贝伦斯事务所工作三年，看到了工业文明的潜势，为后来包豪斯教学定下了宗旨；密斯也在那里工作三年，得到古典严谨规律；柯布西耶只待了几个月，体会到了技术组织和机械美②。四人中，赖特"目空一切，但

---

① 出自《近百年西方建筑史》前言部分。参见：童寯. 近百年西方建筑史［M］. 南京：南京工学院出版社，1986.
② 出自《新建筑与流派》"35. AEG透平机制造车间"词条。参见：童寯. 新建筑与流派［M］. 北京：北京出版社，2016.

有乡曲幽默和弹性"，柯布西耶"倔强孤僻，人们把他比作刺猬"，但他的影响地域最广、时间最长，超出了其他三人。格罗皮乌斯曾称赞他的想法超前建筑界同行三十年；密斯也歌颂他解放了建筑，真实表达了现代文明；但赖特和他水火不容，贬称他为"写小册子的画家"。①

在艺术史、建筑史领域，这种少数精英决定艺术或建筑历史进程的英雄史观从不缺席。最早的艺术史著作《艺苑名人传》，其主要内容便是两百多位意大利文艺复兴时期知名艺术家的生平传记。而现代建筑史家如佩夫斯纳（Nikolaus Pevsner）、吉迪恩（Sigfried Giedion）、希区柯克（Henry Russell Hitchcock）等人，其历史写作所涉及的对象也多为精英建筑师及其作品，这些现代建筑史所传达的思想经常是：若无这些大师的降临，现代建筑的发展将处在漫漫长夜之中。虽然在这些建筑大师之前，一些由工程师设计建造的符合现代建筑特征的工业建筑早已出现，但是由于他们默默无名，导致这些没有精英建筑师加持的建筑物无法成为现代建筑代表作品，甚至不会进入这些建筑史家的视野。

其实，不论在东西方，英雄史观都源远流长。中国古代史家司马迁的《史记》就是典型代表，其主要内容如"十二本纪"为历代帝王政绩，"三十世家"为诸侯们的兴亡，"七十列传"则是重要人臣的言行事迹。正如梁启超所言，二十四史，不过是二十四姓的家史。梁启超虽然反对传统史学以一姓兴亡给历史断代，只见君

---

① 出自《近百年西方建筑史》"57. 昌迪加尔"词条。参见：童寯. 近百年西方建筑史 ［M］. 南京：南京工学院出版社，1986.

王，不见国民的历史观念，但并未抛弃英雄史观，他曾断言"世界者何？豪杰而已矣，舍豪杰则无世界"[1]，"历史不外若干伟大人物集合而成"[2]。不过他的英雄史观吸收了进化论的内容，其有所发展的是承认英雄出自大众群体，英雄由时势所造，而历史应该研究人群的进化而非单个人的进化，为全体国民提供借鉴。在西方，在整个19世纪占统治地位的兰克学派，从来只关注精英人物，西米昂（François Simiand）将其批判为政治崇拜、英雄崇拜和编年记事崇拜。

胡为雄曾将西方史学界的英雄史观分为三类，第一类为英雄本体论，将英雄个体作为历史的推动者，以卡莱尔（Thomas Carlyle）的《英雄和英雄崇拜》为代表；第二类是社会决定论，关注超越英雄个体的历史规律，以俄国马克思主义理论家普列汉诺夫（Georgi Plekhanov）的《论个人在历史上的作用问题》为代表；第三类是"社会—生物"机遇论，着眼于"社会—生物"的交互结合所造就的机遇，以美国哲学家胡克（Sidney Hook）的《历史中的英雄》为代表[3]。

童寯在《近百年西方建筑史》写道：

"建筑史不是记录几个所谓的大师，独出心裁，树立造型，作为榜样；而是（大师们）迫于当时社会发展趋势，凭借经济机缘，

---

[1] 出自《自由书》。参见：梁启超. 饮冰室合集［M］. 北京：中华书局，2015.

[2] 出自《中国历史研究法·补编》。参见：梁启超. 饮冰室合集［M］. 北京：中华书局，2015.

[3] 此处引用了胡为雄的研究结论。参见：胡为雄. 英雄观的变迁：从卡莱尔到普列汉诺夫再到胡克［J］. 中国社会科学，1994（1）：157-168.

通过劳动人民，利用物质条件，把理想加以实现。不应简单把某人当作一个时代的英雄，而只能把他作为标志某一年代的里程碑。伟大的建筑是时代的产物而不完全是个人的产物。"①

这段话表明童寯这两本建筑史所展现的英雄史观，更接近于胡为雄列举的第二类，即马克思主义理论家普列汉诺夫的英雄史观，比起个人英雄，这种观念更关注社会发展的历史规律——虽然精英建筑师的杰出作品是建筑史的主要内容，但创造这些建筑的功劳，不仅仅是这些精英建筑师，除了必要的物质经济条件和建筑工人外，更重要的是时代发展所致。所谓现代建筑的时代，便是西方两次工业革命后的机器化大生产时代，其基本特征便是自然科学的发展，以及科学与工业技术的结合。

2. 进步史观推动下的现代建筑发展

《近百年西方建筑史》将现代建筑的产生和发展更多地归结为时代的产物。作者将工业革命作为时代背景，引用进化论和唯物主义，得出事物总是趋向于前进的结论。

"但时代究竟不同了。工业革命发生后，到19世纪中叶，细胞组织的发现，达尔文学说阐明生物进化理论，马克思《资本论》和《共产党宣言》公然提出阶级斗争与人类历史发展规律。事物总是向前推进而难以扼杀，正如当时法国文学家雨果所说：'成熟了的时代意识，任何大军都挡不住'。"②

---

① 出自《近百年西方建筑史》"4. 水晶宫"词条。参见：童寯. 近百年西方建筑史 [M].
南京：南京工学院出版社，1986.
② 出自《近百年西方建筑史》"1. 工业革命"词条。参见：童寯. 近百年西方建筑史 [M].
南京：南京工学院出版社，1986.

童寯并更进一步，将折中主义建筑作为堕落的象征，认为现代建筑之于古典建筑，是工程技术替代了艺术处理，科学取代了哲学成为主导。

"工业革命促使人口激增，交通发达，经济膨胀，资本集中，贫富悬殊……作为社会上层这古典艺术，早已失去本来庄严灿烂形象，而堕落到有貌无神的折中主义。"①

"……钢铁业也同时兴起，这既有助于机器制造，又为兴建厂房提供主要建材。厂房用钢铁梁、柱，截面小，占地少，强度大，又不易燃，跨度可增好几倍，在结构上把建筑从木、石解放出来。到这时，建筑起根本变化，由艺术处理逐渐改为工程技术；由哲学问题趋向科学。"②

显然，童寯非常强调社会物质条件和建筑本身的物质条件，所以他对建筑发展的方向和旧传统被抛弃的必然性有很明确的判断，态度鲜明地歌颂进步、革新、创造，批判保守、落后、复旧。

在这种进步的历史观念下，19世纪的古典主义建筑、折中主义建筑就成了"虚伪没落""有貌无神"的代表，批评机器产品的莫里斯和拉斯金就成了对新技术"有目不见"的反动分子，贝伦斯、沙利文等人只能算现代建筑的先驱，或者由古典主义到现代建筑的过渡人物，直到四大师出现，现代建筑终于正式确立，而四大师（尤其是以格罗皮乌斯、密斯为代表）所到之处，均打破当地落

---

① 出自《近百年西方建筑史》"1. 工业革命"词条。参见：童寯. 近百年西方建筑史［M］. 南京：南京工学院出版社，1986.
② 同①。

后保守的建筑观念，带来现代建筑的福音。关于对20世纪60年代"新历史主义"的评价，作者认为这是物极必反、历史倒退的表现。

也正是在以科技进步为时代精神的导向下，作者将19世纪中叶发明的水泥与制钢技术看作现代建筑的第一次突破，而以新结构概念为代表的科学分析取代艺术处理，则是现代建筑的第二次突破。第十八版《比较建筑史》第四十章"国际建筑（1914年之后）"中也提到了20世纪50年代后期现代主义建筑及钢筋混凝土建筑结构已经全面普及，更多新技术如壳体结构等的出现已经产生出新的建筑形式。童寯则更加突出了这点，在《近百年西方建筑史》第七章中，以大跨度大空间、薄壳、球体网架、张网结构、充气结构等为例将结构的创新看作现代建筑发展的方向。

在第八章"新建筑趋势"中，童寯将未来新建筑的代表定为1977年在巴黎出现的以表现建筑科技为特征的蓬皮杜文化艺术中心：

"1977年在巴黎市中心区出现国立蓬皮杜艺术文化中心，建筑新风格使学院派甚至习见现代建筑者都为之吃惊。外围四面大片玻璃，露明钢制构架与设备管道纵横交织，加上露天塑料钢架筒形电动扶梯间，宛如一座化工厂，引起人们又一次问道，这是建筑吗？答案不但肯定，而且还指出这将是从下世纪开始法国以及全世界新兴建筑大方向……"①

这种时代精神决定建筑风格的论调，实际上是源于黑格尔的

---

① 出自《近百年西方建筑史》中"83. 蓬皮杜艺术文化中心"词条。详见：童寯. 近百年西方建筑史［M］. 南京：南京工学院出版社，1986.

论述。如前文所述，黑格尔在其《哲学史讲演录》中指出，时代精神是每一个时代特有的普遍精神实质，是一种超脱个人的共同的集体意识，体现着时代精神的英雄们主宰着生活在那个时代的人们的视野。黑格尔的论述深刻影响了德语区的艺术史研究，进而影响到西方建筑史的论述，如佩夫斯纳的《现代建筑与设计的源泉》（*The Sources of Modern Architecture and Design*, 1968）、《现代设计的先驱者》（*Pioneers of the Modern Movement*, 1936）就是典型代表。

在这两本书中，佩夫斯纳将工业科技看作时代精神，将运用机器化生产手段看作现代设计的基本特征。由此威廉·莫里斯领导的工艺美术运动，由于没有为机器文明辩护，而被描述为"本质上是破坏性的"；其门徒克兰（Walter Crane，1845—1919）和阿希皮（Charles Robert Ashbee，1863—1942），由于认为机器能节省工匠繁重的体力劳动，被描述为"态度缓和"；戴（Lewis F. Day，1845—1910）和赛定（John D. Sedding，1837—1891）一开始就支持机器生产，被佩夫斯纳封为"真正的先驱"；凡·德·维尔德（Henri Van de Veild，1863—1957）、瓦格纳、路斯和赖特由于称赞机器工艺美术，也受到作者大力赞扬；到穆特修斯（Herman Muthesius，1861—1927）等组织成立的德意志制造联盟（Deutscher Werkbund）出场，作者将其誉为机器工艺美术从个别试验走向创建为社会普遍承认的一种新风格的重要一步；最终，在德意志制造联盟中提倡建筑业标准化、大规模生产的格罗皮乌斯及其领导的包豪斯，成了现代设计的真正代表。总而言之，以关注艺术统一性但厌恶大规模工业化产品的威廉·莫里斯为起点，经过中间一批人，最终到提倡大规模标准化生产的格罗皮乌斯这里，形成了一个完美闭合的圆圈，一个匀质发展的历史单元。

尽管目前并无直接证据表明童寯这两部西方现代建筑史文本直接参考了佩夫斯纳的著作[①]，但事实上1975年版的《比较建筑史》已大量参考了佩夫斯纳、吉迪恩、希区柯克、班纳姆（Reyner Banham）等人的著作。如1914年（第一次世界大战）这个断代节点就是佩夫斯纳《现代设计的先驱者》的结尾时间，而将四大师并列则来自吉迪恩的贡献。因此，佩夫斯纳的观点通过《比较建筑史》的引用而间接了影响童寯的写作，也非常可能。

3. 形式主义美学支配下的现代建筑话语

由于对科技进步和工业化制造的推崇，童寯的这两部建筑史文本中对具体建筑物的描述往往会先描述其材料与结构。如提到1851年的伦敦水晶宫，作者先描述其材料"除少量木材外，全用钢铁和玻璃"，再描述其技术"全采用预制技术""机械施工"。与此同时，不同材料的运用也代表着新旧建筑的分野，如贝伦斯的德国通用电气公司透平机车间转角由于使用了厚重的墙面，就成了保守的代表；而格罗皮乌斯的法古斯鞋楦厂则轻灵剔透，"特别在外面转角，不用墙墩而全用玻璃"，所以"堪列为现代作品的首创"；1977年的蓬皮杜艺术文化中心，看起来像化工厂的设备管线外露，更是"代表着法国及全世界新兴建筑大方向"。结构方面，除了前文提到的大跨度大空间、薄壳、球体网架、张网结构、充气结构等

[①] 笔者曾向东南大学外文图书馆处咨询，虽然该馆书目中确实有佩夫斯纳等人的著作，但具体购入时间不详。同时，借阅系统电子化之后，以往的纸质借书卡已全部销毁，因此无法确认童寯是否借阅过这些著作。

结构的创新被作者看作现代建筑的发展方向外，还有一点是结构技术与艺术的统一，体现在对意大利建筑师奈尔维的推崇上。

"……奈尔维1960年设计都灵'产品创作陈列宫'，展览百年来社会、科技、造型艺术成就。方形大厅，16根20米高钢筋水泥柱，每柱承托预制边长39米方形钢板菌状屋顶，16菌状屋顶之间留出空隙做玻璃天窗；大厅四面全装玻璃，下面两层辅助建筑。这设计优点是在时间上能争取开幕前十一个月完成，采用每柱独立施工做法，在程序上互不牵制，比传统方式快很多。奈尔维在结构哲学上存在很大经济性、简洁性、艺术性，无怪他被推崇为杰出建筑工程家。"[①]

事实上，在奈尔维的词条中，作者列举了很多建筑案例，还配了大量图片，罗马小体育馆、罗马火车站候车大厅、米兰派瑞利大厦、都灵产品创作陈列宫均包括其中。然而看起来矛盾的是，密斯的柏林国家美术馆虽然使用了格罗皮乌斯式的转角窗，甚至连角柱也取消掉了，作者却将其看作拥有古典主义根源的作品，并将其与老美术馆的图片并列。这说明作者除了关注材料、结构之外，更关注的是建筑的构图。同时，是否有附加装饰，也是现代建筑与非现代建筑的区别所在，如19世纪巴黎法兰西剧院、拉布鲁斯特设计的图书馆等，虽然使用了新材料，却由于有一些附加装饰，因此不能算是现代建筑。

以建筑的构图和外观定义现代建筑的方式在1932年希区柯克

---

① 出自《近百年西方建筑史》"70. 奈尔维"词条。参见：童寯. 近百年西方建筑史［M］. 南京：南京工学院出版社，1986.

和约翰逊（Philip Johnson）合著的《国际式风格》（*The International Style: Architecture since 1922,* 1932年）中就体现出来了。希区柯克和约翰逊提出国际式风格建筑的三个基本特征是：强调体积而反对体量，强调规整而反对对称，强调建筑的内在美而反对附加装饰。童寯显然非常了解《国际式风格》[①]，如上一章所见，他在20世纪30年代的建筑评论中就使用"国际式风格"这一词汇了。在《新建筑与流派》里关于约翰逊的词条中，作者简要介绍了这本重要著作：

"（约翰逊）30年代主管纽约新艺术博物馆建筑展览部，尽力宣传新建筑，并于1932年与建筑史家合著《建筑风格》（*The International Style*）而把当时风行的建筑用这词定下。"[②]

对于现代建筑的另一个阐述维度——空间，童寯在这两个历史文本中也有所涉及，如在对密斯、赖特相关作品的描述中，曾用了诸如"空间构思独到"等词句。且在《新建筑与流派》中的"37. 立体主义"和"43. 包豪斯"两个词条里引用了吉迪恩的《空间、时间与建筑》（*Space, Time & Architecture: The Growth of a New Tradition,* 1941年）。

"……和表现派同时出现的在法国有立体主义画派，是一种极端抽象的作风，从多角度由内外同时看一物体，再将印象归总到一张画面；这在建筑上的体会使人们联想到在巴黎铁塔上层楼梯所看到的内外空间交织在一起，以及在任何建筑群中由于视点移动而引

[①] 童寯在《新建筑与流派》中将该书译为《建筑风格》，本书直译为《国际式风格》。

[②] 出自《新建筑与流派》"99. 约翰逊"词条。参见：童寯. 新建筑与流派［M］. 北京：北京出版社，2016.

起景物变化。这一切都来自空间加时间所起的作用。"①

"……吉典（即吉迪恩）把包豪斯建筑群和阿尔托设计的芬兰帕米欧肺病疗养院，再加上柯布西耶1927年日内瓦国际联盟总部建筑群方案称为三杰作；其不可及之处在于每建筑群由于视角变化，既提供空间结合时间的感受，又表达各建筑物相互有机联系，就如人体各部之不可分；再由建筑群扩展到外围环境，组成完整图景……"②

由上可见，童寯对吉迪恩有较深入的理解，显然他在某种程度上接受了吉迪恩而非佩夫斯纳对现代建筑与现代艺术的关系的论述，前者在二者之间建立了紧密的联系，后者则认为二者的相似之处只不过停留在表面的对照上。但除这两处外，他对建筑空间的讨论就变得非常少了。

总而言之，童寯这两部西方建筑史文本将新材料、新结构、非古典构图、无附加装饰等形成的某种建筑造型特征，定义为现代建筑风格，这种视觉特征又被时代精神、历史进化等社会和道德的价值判断所加强，进而由此整合出一条现代建筑兴起、确立、繁荣以及衰落（作者以阿尔托去世作为国际风格终结的标志）的发展线索。这种强调建筑物质元素的自主性，强调建筑自主进行生命演化的取向，正是西方建筑史（艺术史）领域在黑格尔的影响下，以沃尔夫林（Heinrich Wolfflin，1864—1945）、佩夫斯纳等为代表的形

---

① 出自《新建筑与流派》"37. 立体主义"词条。参见：童寯. 新建筑与流派［M］. 北京：北京出版社，2016.

② 出自《新建筑与流派》"43. 包豪斯"词条。参见：童寯. 新建筑与流派［M］. 北京：北京出版社，2016.

式主义美学支配下的建筑史（艺术史）论述的翻版。

4. 设计实践取向下的现代建筑论述

从书名来看，《新建筑与流派》主要介绍的是西方现代建筑的精英建筑师、建筑流派及其代表作品，《近百年西方建筑史》则是一部西方现代建筑通史。从章节分布来看，《近百年西方建筑史》在章节安排上更加强调现代建筑出现的时间序列和空间分布。从具体叙述内容来看，两个文本在建筑师、建筑流派、建筑作品的选择和描述上其实没有太多差别。

这两个文本的关系和佩夫斯纳的《现代设计的先驱者》《现代建筑与设计的源泉》两个文本的关系类似。佩夫斯纳这两个文本的具体内容也十分相近，《现代设计的先驱者》在章节安排上以人物及其出场时间为主线，《现代建筑与设计的源泉》虽暗含了时间主线，但在章节分布上更加突出风格的演变。

从《新建筑与流派》的前言来看，童寯写作这两部西方建筑史文本的目的，是为了让中国建筑师借鉴参考西方现代建筑的经验和教训，这非常符合传统中国"以史为鉴"的历史功能认知，那么参考西方现代建筑的什么呢？或者说，如何在建筑设计中有效进行借鉴参考呢？显然，大量精英建筑师的设计案例可以直接用来模仿学习，但是这种学习不能过于天真盲目，要进行较为深入的探测摸索才能得来。在《新建筑与流派》前言末尾，作者指出：

"任何创作都不可能一蹴而就，而是经过一段时间探测摸索的准备才能得来。如果认为看完一些资料就能下笔，乃是天真想法。若读毕这份刍荛之献以后，仍觉凤夜彷徨，走投无路，感到所创方案，实非理想，比未读之前提出更多疑问，尚待进一步钻研，那这本书的目的就达到了。"①

关于具体的设计思路，作者认为，虽然相同的科技会导致建筑物出现类似的面貌，但是不同的国家和气候也会对建筑风格产生影响（同样是在温克尔曼、黑格尔等影响下的艺术史观点）。西方和日本的民族性、地域性建筑探索可以启发中国建筑师的类似探索：

"西方工业革命后，科学技术对建筑工程的设计和风格起无可避免的影响。由于用相同技术、相同材料、服从于相同功能，建筑物自然会出现类似的面貌；但另一方面，全世界划分为许多不同国家，处于不同气候地带，各具不同经济条件这一事实，难道对建筑风格不发生一点影响吗？西方仍然有用木、石、砖、瓦传统材料设计成为具有新建筑风格的实例，日本近三十年来更不乏通过钢筋水泥表达传统精神的设计创作，为什么我们不能用秦砖汉瓦产生中华民族自己风格？西方建筑家有的能引用老庄哲学、宋画理论打开设计思路，我们就不能利用固有传统文化充实自己的建筑哲学吗？"②

相似地，在《近百年西方建筑史》的前言里，童寯回顾了20世纪30年代南京、上海等地的"民族形式"失败尝试，并在结尾提到对贝聿铭香山饭店设计的期待：

"力求加快现代化的我国，还要造四合院和大屋顶吗？……最近，具有世界性权威美籍建筑家贝聿铭，在接受北京一旅馆设计任务后，设想在低层建筑中，采用中西综合方式处理建筑风格，既不

---

① 出自《新建筑与流派》前言部分。参见：童寯. 新建筑与流派［M］. 北京：北京出版社，2016.

② 同①。

160

全用西方也非中国传统造型而走第三条路，即用某些中国古典手法来适应西方现代形式，以他过人的才华，必能实现这一主张。"①

显然，从20世纪30年代到晚年，童寯一直期待中国建筑师能设计出具有中国风格的现代建筑，贝聿铭在中国的实践或许可以实现这一理想。当然，这两部建筑史文本也可以提供一定的参照和思考。

综上所述，童寯的这两部西方建筑史文本所预设的读者，主要是从事建筑创作的建筑师。因此，为他们提供一个以精英建筑师、建筑流派及其建筑作品为主要内容，以百科全书词条式的简明传记为基本体裁的西方现代建筑简史，既可以提供大量可供借鉴模仿的建筑实例，又能提供对现代建筑荣辱兴衰的思考，就显得非常合乎情理了。这两个简明版的西方现代建筑史文本，正如童寯在《应该怎样对待西方建筑》一文中列举的一样，抛弃了一般建筑史中所谓"烦琐哲学、空谈浮夸、脱离实际"的部分②，专注于精英建筑师和建筑团体，以及由他们设计的典型建筑案例，以期达到提供参考借鉴的目的。

三、童寯西方现代建筑史的写作特点及影响

由于参考书目的一致性③，《近百年西方建筑史》《新建筑与流

---

① 出自《近百年西方建筑史》前言部分。参见：童寯. 近百年西方建筑史［M］. 南京：南京工学院出版社，1986.

② 该文在上一章中有专门论述。

③ 据《外国近现代建筑史》编者之一刘先觉先生回忆，该书主要参考书目为弗莱彻《比较建筑史》及《时间、空间与建筑》，见：刘先觉. 建筑轶事见闻录［M］. 北京：中国建筑工业出版社，2013.

派》两部文本与1979年出版的老四校合编本《外国近现代建筑史》在现代建筑描述方面，无论是建筑师、建筑团体和建筑案例的选择，还是现代主义发展、确立、繁荣、衰退的过程都非常一致。不同的是，童寯的两部西方现代建筑史文本强调构图和外观，而老四校合编本更注重空间要素。国内后续出版的西方建筑史著作中，20世纪90年代末吴焕加的《20世纪西方建筑史》和童寯的这两部文本旨趣最为接近，同样强调科技发展和工业化生产的决定性作用，而21世纪初刘先觉的《外国建筑简史》中，除了强调先进技术的作用外，多元理论、地域场所、生态等都成为建筑发展的重要影响因素。

出现于18世纪欧洲现代学院里的建筑史课程让建筑学高级化，提升为人文学科，区分了学院体制培养下的建筑师和民间工匠。19世纪的建筑史教学承担了为建筑设计提供历史形式的角色。20世纪，现代主义占领学院后，古代建筑史被边缘化，取而代之的是具有强烈导向性的现代建筑史[①]。正如塔夫里所言，这些建筑史写作（从佩夫斯纳到吉迪恩、赛维等的著作）都是操作性的，这种操作性批评体现了历史与设计的结合，它们在导向未来的同时，也同时导演了历史。

由此历史具有了现实意义，并成为建筑行动的驯服工具，比如在建筑变革时期，当现代建筑刚崭露头角时，操作性的历史学就给予了其明确而广泛的支持。这样一来，操作性批评其实已经成了

---

① 此处引用了王敏颖的研究结论。参见：王敏颖. 建筑史在西方与中国专业学院中的定位：从十八世纪迄今［J］. 台湾大学建筑与城乡研究学报，2011（17）：63-72.

意识形态的批评，以意识形态代替历史形式的客观评价，借助强化历史来说明历史必然形成的典型条件。它放弃了系统化的形式表现，转向新闻报道般夸张的模式，同时它的领域也从对建筑客体的分析转向对制约形态的总体关联域的评判（如法律、社会、经济、生产方式等）①。童寯的《近百年西方建筑史》和《新建筑与流派》这两部文本同样如此，它们通过认同时代精神，推崇科学计算和工程技术，一方面论证了现代主义建筑的合法性，另一方面试图通过介绍这些代表性现代建筑案例，来影响未来的中国建筑实践。他的其他建筑史写作，如苏联、日本现代建筑史，建筑教育史，中国建筑史等也是如此。

第二节　苏联—东欧建筑史

除了西方现代建筑史写作外，童寯也对苏联和东欧建筑进行过研究，写有《俄罗斯统治者的建筑方针》（1960年）、《苏联建筑年鉴》（1968年）等手稿，并在1982年出版了著作《苏联建筑——兼述东欧建筑》。《俄罗斯统治者的建筑方针》非常简短，仅有千余字，其内容主要是帝俄时期建筑发展简介，从10世纪末基辅大公皈依东正教并引进拜占庭式宗教建筑开始，经由彼得大帝时期（17

---

① 此处引用了塔夫里对操作性批评的研究结论。参见：塔夫里. 建筑学的理论和历史 [M]. 郑时龄，译. 北京：中国建筑工业出版社，2010.

世纪末）的法国、意大利式样，18世纪中叶的意大利巴洛克式，18世纪末的法国、意大利古典主义，以及法国新古典主义四个时期形成古典时代，十月革命后的内容缺失。《苏联建筑年鉴》更加简短，约六百字，以编年的方式记录了一些重大建筑事件（如重要建筑物、建筑师、建筑政策等）。这两篇手稿可以看作是1982年著作的前期准备，因为二者都整合在了《苏联建筑——兼述东欧现代建筑》一书中，本节便以这本代表作为主要研究对象。

一、历史编纂学角度下的苏联—东欧现代建筑史写作

与上节所述的《近百年西方建筑史》和《新建筑与流派》在历史编纂方式上一脉相承，《苏联建筑——兼述东欧现代建筑》也采用了科学、客观的治史方法，较少进行评论，更多将观点和立场隐藏在选取的资料和案例之中。体裁方面依旧参照了《比较建筑史》那种词条式的体裁，同样采用以时间、地域、建筑类型为依据的分节方式。对建筑物的介绍和行文表达均与上述两部西方现代建筑史一样简洁明了。由于《苏联建筑——兼述东欧现代建筑》一书中苏联部分占了绝对多数，其他东欧国家内容相当有限，因此本书的研究以苏联建筑为主。

如果说因为西欧和北美地区的现代建筑具有全球影响力，曾在美国留学的童寯也对它们较为熟悉，因此撰写西方现代建筑史显得顺理成章的话，那么他撰写苏联和东欧建筑史的动机是什么呢？要回答这个问题，就要回到中国和苏联的特殊历史关系中寻找。

十月革命一声炮响，给中国送来了马克思列宁主义，从苏联建立起，中国就有大批知识分子从学习西方开始转向学习苏联。中国共产党夺取全国政权后，加入了以苏联为首的社会主义阵营。1950年中苏正式结盟，苏联对华提供了大量资金、武器、科技等各个方面的支持①；反过来，中国也在各个方面配合、追随苏联，并在政治、经济、文化、教育等各方面复制苏联模式。

建筑领域也一度全面沿袭苏联建筑政策、技术和风格。从20世纪50—60年代的中苏"蜜月期"，建筑工程出版社组织翻译和出版了《苏维埃建筑史》（建筑工程出版社编，1955年）、《论苏联建筑艺术的现实主义基础》（汪河，1955年）《俄罗斯建筑史》（莫·依·尔集亚宁著，陈志华译，1955年）、《列宁格勒（建筑艺术简史）》（霍穆切茨基著，城市建设部译，1956年）等一批研究苏联建筑的书籍。此外，苏联编写的《城市建设史》（1953年）和《建筑通史》（1958年）也在中国建筑史教学和研究中扮演了重要角色②。但20世纪60年代中后期，中苏关系彻底走向决裂，对苏联建筑的设计、建造、理论等研究也随之终止。

"文革"结束后，尤其是改革开放以来，"建筑界再次呈现百

---

① 据统计，苏联援华建设156个大型项目，价值高达94亿卢布。苏联向中国提供了31440套设计文件，3709套基本建设方案，12410套机器和设备草图，2970套技术文件，11404套部门技术文件。此外还有4261个教学大纲，4587项工业制品的国家标准，还以优惠价格为中国设计制造了211个仪器、设施和设备样品。具体参见网页：https://www.baidu.com/link?url=B6AJ8IGeADOQ7RoBw8tyjSvxWo5SXCxH3p_wWT1dUIajjxexFtUFjx6PPhohZ59VI3NKjb-Vcs1x_SM2JOanxK&wd=&eqid=f7ccfdd800026691000000065d2ee33a.

② 据刘先觉教授回忆，这两本书当时在国内建筑史学界很流行，陈志华的《外国建筑史》就是以它们为主要参考资料编写的，不过这两部大部头著作并无中译本。

家争鸣、百花齐放的局面，各种学术见解可以公开讨论，创作思想也活跃起来"①。此时中苏关系逐渐回暖，尽管20世纪80年代的中国已开始全面转向学习西方（而非苏联），但同为社会主义阵营的苏联及东欧国家，其现代建筑发展进程的经验和教训依然可以为中国提供诸多借鉴，也为审视过去学习苏联的种种建筑政策与运动提供了反思的参照系。正如他在书中所述：

"从十月革命以来，苏联建筑事业创作立论与工程措施手段的争论反复，暮三朝四，周而复始，是建筑史一段严峻过程，但也提供经验教训。"②

二、史学理论视野下的苏联—东欧现代建筑史写作

1. 现代主义价值取向下的历史叙述

童寯将苏联建筑史分为四个时期：1917—1932年是构成主义时期；1933—1954年是美术装饰时代；1955—1967年是重新走向现代务实作风的调整期；之后的20世纪70年代则继续新建筑作风。这个分期应该借鉴了《比较建筑史》，后者的分期节点也在1932年和1954年，依据同样是1932年前后的苏维埃宫竞赛、"社会主义现实主义"方针的确立，以及1954年前后对这种新古典主义趣味的批判。所不同的是，《比较建筑史》对这些风格变迁的描述完全看不

---

① 引自杨永生的叙述。参见：杨永生. 苏联建筑也要借鉴：评童寯的《苏联建筑——兼述东欧现代建筑》一书［J］. 世界建筑，1983（4）：85.
② 出自《苏联建筑——兼述东欧现代建筑》"17. 现代化建筑风格"词条。参见：童寯. 苏联建筑：兼述东欧现代建筑［M］. 北京：中国建筑工业出版社，1982.

到主观感情色彩,《苏联建筑——兼述东欧现代建筑》虽然采用了前者客观史学的形式,却在字里行间不时流露出作者的主观好恶,以其对苏维埃宫竞赛的描述为例:

"这一年(1931年)举行莫斯科苏维埃宫建筑方案国际竞赛,共收到方案160件,其中136件是苏联建筑师作品,其余24件来自国外。柯布西耶参加了竞赛,由于不具有丝毫古典作品气氛而落选。苏联建筑师,20世纪杰出理论家金兹伯格的新颖豪放创作,被约凡等三人合作的充满庙堂气氛的方案所击败。这只能说明建筑艺术在苏联由20世纪倒退至19世纪的一个关键回潮。人们的认识似乎是,只有希腊、罗马古典,而不是西方现代风格才能够象征民主大众,因而批判构成主义虚无地对待古典。这观点导致斯大林于1932年提出'社会主义现实主义'方针,替构成主义敲了丧钟。"①

再以布鲁塞尔国际博览会苏联馆为例:

"1958年杜保夫设计布鲁塞尔国际博览会苏联馆,用悬索屋顶,四面大开玻璃窗,这标志着苏联放弃折中主义建筑而重新跨入又一新时代,是1920年以来几经反复的一次大转变,也可以说是关键性最后一次转变。"②

最后以其对苏联建筑各个时期发展的叙述为例:

---

① 出自《苏联建筑——兼述东欧现代建筑》"9. 合作总社大厦"词条。参见:童寯. 苏联建筑:兼述东欧现代建筑 [M]. 北京:中国建筑工业出版社,1982.

② 出自《苏联建筑——兼述东欧现代建筑》"16. 反浪费斗争"词条。参见:童寯. 苏联建筑:兼述东欧现代建筑 [M]. 北京:中国建筑工业出版社,1982.

在苏联，受西欧机械文明影响的构成主义代表着进步，产生了第三国际纪念碑、莫斯科工人宫、列宁格勒真理报馆、巴黎国际装饰艺术工业博览会苏联馆、莫斯科工人俱乐部、莫斯科消息报馆、莫斯科国家贸易局、哈尔科夫工业管理大厦建筑群等优秀作品。构成主义的影响轰动一时，引起西欧先锋艺术家、建筑师的向往。然而以1931年苏维埃宫设计竞赛为标志，以1932年"社会主义现实主义"方针的推出为起点，构成主义在苏联遭受重大挫折，受到政治打压。从此苏联建筑开始了"近二十年的历史倒退"，这期间，"作为现代建筑风格先驱的构成主义竟然一蹶不振，使苏联建筑倒退至巴洛克色彩的新古典作风，造成与时代精神显然不相称的形象"。20世纪50年代中期，苏联再度开始向西方学习，"回过头来以反浪费为理由重新拾起源出构成主义的现代风格"，全面推进建筑工业化进程，进而"重新跨入又一新时代"，60年代不断向西欧靠拢，至70年代已经与西欧无所区别[1]。

从以上描述中，我们可以看到明显的两组建筑风格的对比。一组是现代建筑的先驱——构成主义，以及后来的现代主义建筑；另一组是1933—1954年的"社会主义现实主义"（或"斯大林巴洛克风格""新古典主义""美术装饰主义"）。前者与时代精神一致，代表着进步的建筑思潮；后者与时代精神脱节，代表着倒退的建筑风格。前者实事求是，趋向机械化、标准化、装配化；后者华而不实、空间浪费、造型浮夸。

---

① 出自《苏联建筑——兼述东欧现代建筑》前言部分。参见：童寯. 苏联建筑——兼述东欧现代建筑［M］. 北京：中国建筑工业出版社，1982.

《苏联建筑——兼述东欧现代建筑》中两组建筑的对比

建筑风格	代表作品	特征描述	价值判断
现代主义（包括构成主义等）	巴黎苏联馆（1925年）	现代木工技巧的产物	构成主义从活跃到挨批，再到回归现代主义的过程，是不可阻挡的潮流，也是苏联经济发展的必然趋势
	莫斯科工人俱乐部（1927年）	会堂地板为斜面，顶层呈悬挑状	
	布鲁塞尔苏联馆（1958年）	悬索屋顶，四面大开玻璃窗	
	新会议宫（1961年）	钢筋混凝土框架，排柱白大理石，镶玻璃窗	
	俄罗斯影剧院（1961年）	大跨度、多功能	
社会主义现实主义（或"斯大林巴洛克风格""新古典主义""美术装饰主义"）	苏维埃宫建筑方案（1931年）	充满庙堂气氛	腐朽的、夸大的、浮华的，是苏联建筑由20世纪倒退至19世纪一个关键性回潮
	莫斯科地下铁车站（20世纪30—50年代）	雕琢廊柱，金碧辉煌	
	莫斯科红军中央剧院（1940年）	造价高昂、使用不便	
	新西伯利亚歌舞剧院（1943年）	沉重的柱廊重温传统派旧梦	
	莫斯科八座高楼（20世纪50年代）	尺度粗糙、内部华丽、空间浪费、造型浮夸	

类似这样的对比，其实在上节提到的两部西方现代建筑史文本中也出现过。可见与上述两部文本类似，《苏联建筑——兼述东欧现代建筑》同样以是否认同现代主义建筑为标准，判断某地区、某时期、某些建筑师和团体是进步还是倒退，表明了作者明确的现代主义价值取向。

2．科技基础决定建筑进程的理论认知

《苏联建筑——兼述东欧现代建筑》与前述两部西方现代建筑史文本一致的地方还有作者对科技的重视。从篇幅分配上来讲，《苏联建筑——兼述东欧现代建筑》一书非常关注苏联的工业化建设。书中比较详细地介绍了苏联建筑工业的发展，从1928年第一个五年计划时开启的对工业建筑设计的关注开始，经由第三个五年计划提出的工业化快建法（多样机械化、快速流水作业、类型标准化、工厂预制、进步排表），战后城市恢复工作中对标准化、预制化、工厂化以及新型建筑材料的运用，20世纪50年代中期集合住宅的全面标准化、预制化建造，一直到60年代建筑技术的全面起飞，建筑形式也从在新旧风格间的犹豫和反复，转变为坚定地追赶西方，拥抱现代建筑。

根据以上苏联建筑的发展历程，以及马克思主义经济基础决定上层建筑的观点，童寯得出科技水平在很大程度上决定建筑样式发展的结论。比如，构成派在20世纪40年代被排斥，不仅是政治干预的直接结果，更主要的原因是当时苏联工业化水平低，建筑技术底子薄，根本无法实现构成派天马行空的建筑造型。而赫鲁晓夫时代确立了工业化发展方向后，苏联建筑蓬勃发展，追赶西方，至1973年已经和西方建筑没什么两样了。就具体案例来讲，20世纪20

年代柯布西耶受邀设计的现代主义风格的莫斯科合作总社大厦，基础完成后，因建筑材料（主要是钢筋混凝土）供应不足而不得不停工两年，直至1934年才完工。随着20世纪50年代中期苏联建筑技术全面提高，1958年的布鲁塞尔国际博览会苏联馆、1961年的克里姆林宫新会议宫和俄罗斯影剧院，全部采用现代建筑样式，并且运用了悬索、大跨、玻璃幕墙等先进建筑技术。详细摘录如下：

"……莫斯科1961年克里姆林宫墙内党的新会议宫落成，由包西姆设计，钢筋混凝土框架，平面是70米×120米长方，立面排柱白大理石，镶玻璃窗。会议大厅容6020座，分布于楼下与两层楼座，讲台可供各种演出用途，带转台、升降台，面积比莫斯科歌剧院还大。厅内装修用石料、人造革、铜、铝金属。大厅顶部是2500席宴会厅。另外还布置多样聚会室。"

"这年，在莫斯科普希金广场又落成俄罗斯影剧院，设计者以斯沃特耶秋为首共四人。正厅3500座，设在楼上，由临街正面阶梯上达，有宽荧幕设备，楼下是门厅和各容250座两厅，专映时事新闻和纪录片。"

"把是年完成的上述会议宫和电影院联系到1958年布鲁塞尔苏联馆可以看出，这三座建筑继两次世界大战中间时期构成主义从活跃造挨批之后，又回归现代风格领域这一不可阻挡的潮流，是在苏联工业与经济稳固发展过程所造成的必然趋势。"[1]

综上所述，在童寯看来，建筑发展进程在很大程度上是由科

① 出自《苏联建筑——兼述东欧现代建筑》"17. 现代化建筑风格"词条。参见：童寯. 苏联建筑：兼述东欧现代建筑［M］. 北京：中国建筑工业出版社，1982.

技水平决定的，当科技水平较低时，即使有很新潮的构想和形式，也往往很难真正落地实现；当科技水平达到一定高度时，即使遇到种种干扰，建筑发展最终还是会跟上科技的步伐，达到相当的高度。这与上一节提到的两部西方建筑史文本一样，同样体现了童寯的进步史观。

3．政治干预建筑的历史借鉴

前文提到，童寯撰写《苏联建筑——兼述东欧现代建筑》一书是为了吸取经验教训。和中国有体制亲缘关系的苏联和东欧，确实为审视中国建筑的曲折历程提供了较好的参照系。从上文的论述可知，学习苏联顺应时代精神，沿着建筑工业化道路追赶西欧的成功经验，吸取苏联以政治手段不当干预建筑风格的失败教训，是这本书的重要旨意。

在《苏联建筑——兼述东欧现代建筑》一书的描述中，政府改组建筑社团前，苏联建筑界的争鸣非常活跃。20世纪20年代有以构成派为主体的"现代建筑师学会"、唯理主义者为主体的"新建筑师协会"和"建筑城规协会"，以及以无产阶级代言人面目出现的"泛苏无产阶级建筑师学会"。该学会通过无限政治上纲和乱扣帽子的方式抹黑前面两派，正好给政府改组建筑界提供了机会。由于政府不满各个团体自说自话、互相攻击，并希望明确"新建筑"的定义，因此以官方组织"苏联建筑师联盟"取代了以上自发形成的行业团体，自此开启了外行指挥内行、政治领导建筑的历程。

"泛苏无产阶级建筑师学会，1929年成立，并发表宣言……作为在苏联无产阶级插曲的明灯，这'泛无'组织又攻击构成派，又批判唯理主义者，说他们太抽象和空想，背离无产阶级，又说抽象主义是没落资产阶级那一套，于是把打击集中在里昂尼道夫身上，也就等于否定所有新派。但'泛无'这做法实际上也埋葬了自身，而为政府改组建筑社团铺平了道路，导致1932年'苏联建筑师联盟'这官方组织的成立。"①

因此，当"社会主义现实主义""无产阶级的内容，民族的形式"等泛泛口号提出来时，建筑界只能无条件附和、揣测、执行，一直到斯大林去世，这些方针政策才被彻底扭转。而这样的扭转，也只能由政治统治集团内部斗争开始，建筑政策才随后跟进。以斯大林时期开始建造的莫斯科八座高楼为例，建造之初，它们还是社会主义优越性的体现，斯大林去世后，在反浪费斗争中，这些高楼马上就成了反面教材。

"弗拉索夫于1954年著书介绍莫斯科高层建筑，主要是此前一年完工的八座大楼。他认为，这都是社会主义技术的成就，对人关怀且表现民主精神。但到1960年他的论点变了，说这些高层旅馆、公寓给人们的印象是做作的平面布置，繁复的空间安排，结构不符合功能要求，再加上不合理的构造和高昂的造价。1959年国家建设委员会的考契伦克在《真理报》上著论指出：'喜庆蛋糕的建筑形式与工业化技术极不相称。……社会主义现实主义的判断标准，首先应该是质量精确的功能内容而不是贴上去的浮饰。'苏联建筑艺术的认识水平与现代化的差距如此惊人，不难想象，即使构成主义更

① 出自《苏联建筑——兼述东欧现代建筑》"5. 新流派"词条。参见：童寯. 苏联建筑：兼述东欧现代建筑［M］. 北京：中国建筑工业出版社，1982.

生，再回来独占建筑舞台，表演效果很可能令这派创始者失望。"[①]

以上摘录显示，在童寯看来，苏联建筑界已经失去了自主的专业判断力，只能随着政治风向摆动。在政治风向出现变化后，原来正面宣传的内容马上就成了被批判的对象，而不管风向如何，主管建筑的官僚机构还是一如既往地水平低下。联想到历次政治运动对建筑行业的冲击，不难看出，《苏联建筑——兼述东欧现代建筑》实际上暗含着对中国类似状况的反思和批判。

在西方现代建筑之外，童寯选择了和中国有体制亲缘关系的苏联和东欧作为研究对象，希望研究其现代建筑进程能对中国的建筑发展有所启发。

第三节　日本建筑史

除了关注西方建筑、苏联及东欧建筑外，童寯还不忘日本建筑，尽管在《近百年西方建筑史》《新建筑与流派》中已经提及丹下健三和新陈代谢派，但他似乎觉得还需要一部相对完整的日本建筑史。童寯的日本建筑史写作包括一篇日本古代建筑史摘录笔记——《日本建筑史——服部胜吉日本古建史》和1983年由中国建筑工业出版社出版的一本《日本近现代建筑》。《日本建筑史——

---

① 出自《苏联建筑——兼述东欧现代建筑》"16. 反浪费斗争"词条。参见：童寯. 苏联建筑：兼述东欧现代建筑［M］. 北京：中国建筑工业出版社，1982.

服部胜吉日本古建史》篇幅简短，约五千余字，摘录了地理、历史、建筑及分期（包括推古、白凤、天平、弘人、藤原、镰仓、足利、桃山、德川等历史时期），以及各个时期的代表建筑作品（以宗教建筑，尤其是佛教建筑为主）等词条，是日本从中国引进佛教后到近代明治维新前的建筑史摘要。《日本近现代建筑》篇幅较长，约七万五千字，仅在第一章"中国影响时期"提及古代部分，将以上摘要浓缩为三百余字，重点则从第二章"明治维新向西方一面倒"的19世纪70年代开始，直至100年后的20世纪70年代。由于前者为简略的摘录笔记，原创性和系统性均有欠缺，因此本书以公开出版的《日本近现代建筑》为主要研究对象。

一、历史编纂学角度下的日本近现代建筑史写作

与上节所述的《近百年西方建筑史》《新建筑与流派》以及《苏联建筑——兼述东欧现代建筑》一样，《日本近现代建筑》在历史编纂方面也采用了《比较建筑史》客观史学的治史方式，具体如词条式体裁，以时间、类型、风格为依据的分类方法，客观信息的呈现，以及简练朴实的文笔。

如前文所述，童寯研究西方现代建筑是因为它们代表着现代建筑发展的最高水平，并有完整清晰的历史脉络，呈现西方现代建筑发展过程中的代表人物和流派、典型建筑案例，可以为中国建筑师提供设计参考；研究苏联及东欧现代建筑是因为它们与中国享有共同的政治体制和意识形态，同样有相似的政治深度干预建筑的惯性，通过揭示政治不当干预建筑的失败教训和建筑工业化的成功经

验，可以为中国建筑界及相关主管机构提供历史借鉴。那么，童寯研究日本建筑，尤其是编纂日本近现代建筑史的动机是什么呢？要回答这个问题，我们依然要回到中日关系的历史背景中寻找。

六朝时期佛教传入日本，尤其是从唐代时期的"大化改新"起，日本开启了全面模仿学习中国的历史进程。直至明治维新前，尽管有元、明时期的数次争端，日本还是一直在中华文化圈的边缘徘徊，而中国也从来没有真正重视过日本的存在。甲午战争中，一向以"天朝上国"自居的清王朝竟然被不起眼的日本打败，这极大地冲击了中国的政治、经济、思想文化。此次战争后，中国开始正视日本的强大，出现了第一次留学日本的潮流，日本"脱亚入欧"政策的成功和产业革命的进展深刻启发了中国的知识分子。张之洞曾在其《劝学篇》中提出"至游学之国，西洋不如东洋"的口号，他认为中日地理相邻，文化相近，西方现代成就大多已被日本翻译吸收，与其远道学习西方，不如直接学习已被日本过滤过的西方文明。

对童寯个人来讲，他在1925年赴美留学途中就游历了日本的神户、横滨、东京三座城市，并参观了寺庙、神社、宫殿、大学、公园、饭店等类型的建筑物[①]。尽管那时他觉得日本的现代建筑非常难看，更喜欢他们的传统建筑，但他已经在思考"什么使得日本成为日本？"这样的问题。20世纪30年代初的"九·一八

[①] 在其《渡洋日记》中，童寯记载了他在东京参观的景点：帝国大学、上野公园、日比谷公园、松屋吴饭店、日天皇宫、中华会馆、日皇储宫、浅草公园、明治公园和靖国神社。见：童寯. 童寯文集（第4卷）[M]. 童明，杨永生，主编. 北京：中国建筑工业出版社，2006.

事变"以及后来持续八年的中日全面战争，让童寯尝尽了家族颠沛流离、亲人天各一方的苦，这也让他对日本产生怨念①。随着战后日本经济再次腾飞，日本建筑也开始在国际上崭露头角，人才辈出。更可贵的是，日本已经在现代建筑中成功发扬了日本的民族特色，这样的情形让童寯赞叹不已，他认为日本现代建筑可以给中国建筑设计工作者带来启发，因此编纂了这部《日本近现代建筑》。

二、史学理论视野下的日本近现代建筑史写作

1. 西方现代主义建筑认同下的历史叙述

日本建筑如何与西方世界接轨是《日本近现代建筑》中的一条主线。工部省的成立、造家学科的建立、造家学会（后来的建筑学会）的发起、建筑刊物的兴办都在其中起了重要作用。

在工部省，政府聘请西方专家指导工作，在日本建筑学科发展的初始阶段，西方建筑家做出了重要贡献，培养了早期的日本本土建筑人才。这些由西方建筑家培养的日本本土建筑人才，通过到西方国家留学、考察，再将国外的新技术、新思想带回日本，成为日本建筑界的中坚力量。以辰野金吾为例，他起初在工部大学校造家学科学习，毕业后被派往英国进修，回国后进入东京帝国大学任教，并开办建筑事务所，后又担任了造家学会首任会长，主持了多项重要公共建筑工程。

---

① 来自童寯家属的叙述。参见：张琴. 长夜的独行者［M］. 上海：同济大学出版社，2018.

"1870年，政府成立工部省，主管全国建筑计划、工业管理和工厂建设。最初只建些'拟洋风'木屋。为导入西方建筑技术，由政府聘请于1865年来日的英国测量工程师瓦特尔斯（*Thomas Waters*）和法国造船专家作为指导。"①

　　"首次来日的欧洲建筑家是英国人康德尔（*Jasiah Conder*）。他于1877来到日本，年方25岁。先在工部省服务，随即到成立不久的工部大学校造家学科教学，开始培养日本建筑人才，使能掌握西方建筑艺术和技术。……受这种熏陶（英国折中主义建筑）的造家学科1879年第一班毕业生有辰野金吾、片山东熊和曾弥达藏……他们以后对日本建筑事业都有贡献。……1885年第二班毕业生在康德尔指导下从事建筑工作。此后日本建设事业就完全由日本人主持，外国专家只处于协助地位。"②

　　本土建筑刊物也在这个过程中发挥了重要作用：如1895年《工学会杂志》发表亨内比克（*Frsncois Hennebique*）钢筋水泥计算法；1908年建筑学会刊印的《建筑杂志》在20世纪初"样式论争"以及技术派和艺术派的论证中扮演了重要角色，为这些论战"提供喉舌、鸣起号角"。

　　在童寯的描述中，日本建筑与西方世界的接轨还表现在日本建筑界紧紧追随西方建筑潮流的热情上。19世纪中后期的"拟洋风"（第一次洋风）阶段，先后经历了法国折中主义和英国折中主

① 出自《日本近现代建筑》"1. 工部省"词条。参见：童寯. 日本近现代建筑［M］. 北京：中国建筑工业出版社，1983.
② 出自《日本近现代建筑》"3. 造家学科"词条。参见：童寯. 日本近现代建筑［M］. 北京：中国建筑工业出版社，1983.

义等建筑潮流；随着西方建筑由折中主义向现代主义转型，日本也亦步亦趋地追随模仿，在20世纪初兴起了"功能派""分离派""表现派""包豪斯""国际建筑会""新兴建筑家联盟""青年建筑家联盟"等多种建筑组织和流派，跨入"新洋风"现代建筑（第二次洋风）的行列，并开始在国际竞赛中崭露头角；第二次世界大战后，日本进入第三次洋风阶段，不仅不再落后于西方，而且在现代建筑中做出了日本特征，开始与西方现代建筑并驾齐驱，甚至局部超越了西方。以日本建筑界对现代主义的热情为例：

"1927年东京六名建筑家结成'国际建筑会'，发表宣言，要和世界各国在建筑领域走同一道路。'国际建筑会''新兴建筑家联盟''青年建筑家联盟'，都开始活动，正好迎接于1928年欧洲成立的'国际新建筑会议'（CIAM），向现代化靠拢，接受浸染，随同演变，使日本建筑30年代完全步入国际'切豆腐'形式，即现代造型，成为明治维新后首次接受洋风后的第二次洋风。第三次洋风则形成于第二次世界大战以后。岸田日出刀指出，新建筑形态简素明快，经济合理，是以现代技术和机械美学为基础的理智建筑。"①

正是由于这种时刻追随西方、融入西方的努力，日本建筑界才能保持与西方建筑界同步运转，在西方建筑开始转换跑道的时候跟着转弯，顺利进入现代主义建筑阶段，并在这个阶段实现由模仿到超越的重大转变。当然这个过程也并非毫无阻力，"帝冠式"屋顶就是这个过程中被童寯评价为"逆流"的建筑运动。

---

① 出自《日本近现代建筑》"13.新洋风"词条。参见：童寯. 日本近现代建筑［M］. 北京：中国建筑工业出版社，1983.

"前进思潮中也存在逆流。……在现代建筑造型已经风行，1924年冈田信一郎仍然用民族形式来伪装钢筋水泥框架的东京歌舞伎座。伊东忠太1927年设计的东京大仓集古馆和1934年的军人会馆以及渡边仁1937年设计的东京帝室博物馆，都有'帝冠式'屋顶，无怪1930年建筑革新运动发生'帝冠'之争。"①

　　童寯还评价了这场"帝冠式"运动的代表人物，他认为像伊东忠太这样的亚洲古代建筑史学家，在实践中坚持传统形式可以理解；但像村野藤吾这样的现代建筑元老，居然在业主的压力下设计"帝冠式"建筑，是信念丧失的体现，颇有对其气节不保的讽刺和感慨。这样的争论和探索的最终结果是在"日本传统建筑形式和西方技术对抗或调和的较量中，终于以传统形式的消失而结束，使谋求打开一条民族出路的努力走向失败"。

　　随着日本建筑向现代主义转型，一批具有国际竞争力的建筑师开始在国际竞赛中得奖或中标，这标志着日本建筑不仅追赶上了欧美水平，且开始实现超越。同时日本现代建筑的发展进程还印证了童寯在早期建筑评论中的观点——民族性应建立在时代性的基础之上，而不是建立在传统木构建筑的造型特征（尤其是屋顶）上，非西方文化区的建筑一旦开启工业化和现代化的进程，全面接受消化西方现代主义，民族性自然而然就会慢慢探索出来，如丹下健三的一系列市政厅舍、体育场馆等富有日本特点的现代建筑。

　　总之，在日本，明治维新之后受西方折中主义影响的"拟洋

---

① 出自《日本近现代建筑》"14. 帝冠式屋顶与样式问题"词条。参见：童寯. 日本近现代建筑 [M]. 北京：中国建筑工业出版社，1983.

风建筑""洋风建筑"以及受现代主义影响的"新洋风建筑"呈现出历史进化的过程，而探索日本民族特征的"帝冠式"屋顶则被定义为历史前进过程中的"逆流"，这些建筑"即使用最高贵的材料施工，也扭转不了时代落后的错误"，因此最终在与西方技术的对抗中消失。这便是以是否认同西方现代主义建筑为标准，判断非西方文化地区建筑发展是进步还是倒退的典型论述，代表着童寯对现代主义建筑普适性的高度认同。

2．科技基础决定建筑进程的理论认知

与《苏联建筑——兼述东欧现代建筑》一样，《日本近现代建筑》同样特别重视探索工业技术对建筑的重要影响，这也是日本建筑与西方世界接轨的另外一个重要领域。

19世纪中叶，日本工部省聘请外国专家，向其学习西方的砖砌建筑法则，掌握了烧砖技术，同时还进口水泥、玻璃、钢窗等建筑材料，开始采用公制单位。19世纪末日本开始出现钢框架建筑，20世纪初掌握钢筋水泥计算与施工方法。关东大地震后开始重视建筑的抗震性能，并探索工业化生产的可能性。"二战"后由于进口美国技术和设备，日本工业崛起，建筑工业化真正开始成型，大跨度建筑（如会议、体育建筑等）与超高层建筑（如居住、商业建筑等）开始大量出现。在这些叙述中，作者在两处着墨颇多，一是艺术派和工程派的争论，二是抗震技术研究。

20世纪初，艺术派和工程技术派的争论焦点是艺术和技术谁应该主导建筑设计的问题。辰野金吾、武田五一、伊东忠太等强调建筑的艺术性。而结构出身的早野利器、内田祥三、内藤多仲、野田俊彦等是典型的工程技术派，他们认为建筑应以科学为基础，追求结构的合理性而不是造型的美观。冈田信一郎则强调二者的结合，认为新建筑的意义在于科学与艺术的综合，并且要看到社会生活和新材料、新结构的合理性、经济性等。《日本近现代建筑》一书并没有明确得出哪一派在论战中获得胜利的结论，但论战后，特别是关东大地震后，日本建筑界开始逐渐告别折中主义，转向学习西方现代建筑是不争的事实。

《日本近现代建筑》中的最后一个词条是"地震与超高层"，是全书中字数最多（约1500字）的词条之一，较详细地列举了日本抗震技术的研究历程。日本早在1880年就成立了地震学会，20世纪初就开始尝试抗震设计，1941年成立日本地震工学会，20世纪40年代末开始地震灾害模型破坏试验，50年代末多所著名大学共同确定了超高层建筑安全耐震结构设计。在这里，童寯特别提到了前文出现过的早野利器。

"第一代地震工学家是早野利器。他在东京帝大时受教师辰野金吾启发，如前所述，而开始研究地震工学。1906年美国旧金山市发生8.25级地震，他由帝大教学岗位被派往美国作现场观察，回国后著《美加州地震谈》，1907年又在《建筑杂志》发表《实地调查报告》。"

"1914年他是日本震灾预防调查委员会临时委员。翌年他著《家屋耐震构造论》，建立日本独创钢筋水泥结构原理的基础。关东大地震给日本以早野为首的构造派带来信心与希望，一展贡献于建设的才能。"[①]

---

① 出自《日本近现代建筑》"42. 地震与超高层"词条。参见：童寯. 日本近现代建筑［M］. 北京：中国建筑工业出版社，1983.

以上叙述表达了童寯对日本抗震研究的肯定，也流露出对日本现代建筑技术发展的高度肯定。这与《苏联建筑——兼述东欧现代建筑》一样，体现了科技基础决定建筑进程的认知。

此外，《日本近现代建筑》还列举了前川国男对当时日本建筑彻底西化充满忧虑的心情，前川国男认为从西方移植而来的现代建筑体系，在日本的文化背景下难以真正繁荣。童寯对此却非常乐观，他批判了前川国男的观点，认为日本现代建筑的发展，正好说明一个国家只要达到一定科技水平，积累足够的经济实力，完全可以直达现代建筑的顶峰，而不必走漫长复杂的文化之路[①]。

3．东方民族形式探索的历史借鉴

《日本近现代建筑》表明，日本建筑从19世纪中叶起亦步亦趋地模仿西方，到20世纪上半叶大致与西方旗鼓相当，20世纪中叶后，不仅全面赶上，而且局部超越了西方。这个历程值得中国了解和参考。就具体建筑设计而言，日本现代建筑对民族特色的表达是最值得中国建筑师学习的。童寯在书中最后一段写道：

"第二次世界大战后，日本现代建筑在文化领域和市、县厅舍的成就，即使放在西方水平来看，数量和质量也毫无逊色，尤其在现代科技结合传统造型尝试中，出现一些杰出作品，如京都文化馆阳台部分、东京立教大学图书馆、广岛三钻山庄、罗马日本学院和枚岗市厅舍等，都对中国建筑设计工作者有参考启发作用。"[②]

---

① 出自《日本近现代建筑》前言部分。参见：童寯. 日本近现代建筑［M］. 北京：中国建筑工业出版社，1983.
② 出自《日本近现代建筑》"42. 地震与超高层"词条。参见：童寯. 日本近现代建筑［M］. 北京：中国建筑工业出版社，1983.

诚如童寯20世纪30年代起就坚信的观点，民族性要建立在时代性的基础上，在现代建筑中做出民族特色才是正当的、高水平的实践，而那种简单模仿传统造型的尝试是守旧的、逆时代的，因此也必须加以否定。这也是他如此鄙夷"帝冠式"建筑，却如此欣赏具有日本特色的现代建筑的原因。《日本近现代建筑》对这些日本现代建筑的民族性评价如下：

丹下健三设计的东京立教大学图书馆，"钢筋水泥三层建筑是富有民族风格的造型"；武基雄设计的广岛海边三钻山庄，"外观屋顶的'似和风'造型充分利用钢筋水泥板的可塑性"；罗马日本学院"外观富有日本民族风格，尽管不用帝冠或传统装饰，从柱间排列节奏和深檐错落中就取得'数寄屋'造型美感"。

厅舍建筑中，香川县厅舍"外廊下面露明的钢筋水泥梁头最富木构架风格，是丹下以敏锐的时代感觉，用传统设计手法开创民族造型境界的努力"；枚冈市厅舍"用钢筋水泥曲线屋顶模拟民族风格，和仓敷市厅舍用水泥模板模拟传统校仓风格造型，都是出色创造"。

反观中国，20世纪初在华教会的"中国古典复兴式"建筑、20世纪30年代国民政府的"中国固有式"，以及50年代的"社会主义的内容，民族的形式"，都是用现代建筑材料简单模仿传统造型的复古尝试，与日本的"帝冠式"建筑异曲同工，在现代建筑基础上做出中国特色的成功案例尚不多见。而同为东亚儒家文化圈的日本，其成功的探索案例，以及从木构体系向现代建筑转型的过程，特别值得中国建筑师们借鉴。

第四节　建筑教育史写作

　　童寯的建筑教育史写作包括发表于《中国建筑》的《东北大学建筑系小史》（1931年）和《卫楚伟论建筑师之教育》（1934年），重庆时期的手稿《建筑教育》（1944年），为南京工学院教改做参考的《苏联建筑教育简述》（1968年）和《美国本雪文亚大学建筑系简述》（1968年），刊于《中国大百科全书》（1988年）的《外国建筑教育》（1970年完成），与助手宴隆余共同整理的《中国建筑教育》（时间未知），以及1982年完成的《建筑教育史》。

　　先后发表于《申报》和《中国建筑》的《卫楚伟论建筑师之教育》[①]翻译自维特鲁威的《建筑十书》，实际上是中国建筑师群体在上海等地崛起、建筑学科开始浮现之时，对公众做的职业宣传。而一系列涉及外国建筑教育、中国建筑教育的文本，主要是为了配合南京工学院的建筑教育改革[②]，同时这些叙述也清晰地展示了建筑学科通过"法国（巴黎美院）—美国（宾夕法尼亚大学）—中国（东北大学、中央大学）"的主要路径向中国移植的过程。在这一系列写作中，《建筑教育史》准备时间最久、完成时间最晚、篇幅最长、内容最多，毫无疑问是其建筑教育史领域的代表之作，因此本节的讨论主要围绕这部《建筑教育史》展开。

[①] 该文先后发表于1933年6月6日《申报》建筑副刊、1934年8月《中国建筑》第2卷第8期。

[②] 根据刘先觉先生的回忆，童寯本人并未参与20世纪60年代南京工学院的建筑教育改革，而这些教育史写作也并未为教改提供直接的方向或建议，仅作为参考资料。

一、历史编纂学角度下的建筑教育史写作

与前述《近百年西方建筑史》《新建筑与流派》《苏联建筑——兼述东欧现代建筑》和《日本近现代建筑》在历史编纂方式上相似，《建筑教育史》也采用了客观史学的治史方法，主观评论较少。体裁方面仍然采用《比较建筑史》那种以国家地区为依据的分节方式，但未对每个院校进行词条化细分。在具体介绍中，以时间为序对该国（地区）建筑教育状况的历史沿革、代表院校、代表人物进行描述，偏重学制、课程设置、教育导向等内容。其文笔与两部西方现代建筑史一样强调简练明确。

童寯一直对建筑教育充满热情。1930年，童寯留学回国后，就在梁思成、林徽因的邀请下加入成立不久的沈阳东北大学，由于教师均为留美学生，该校教育几乎全盘移植美国宾夕法尼亚大学。"九·一八"事变后，学校停课，师生离校，童寯多方奔走辗转，最终于1932年在上海大夏大学找到借读的地方。童寯为学生补课两年，使他们在1934年顺利完成学业，步入建筑职业生涯[①]。同时，童寯还安排东北大学的优秀毕业设计分批刊登在《中国建筑》杂志上。1944年，他又加入内迁重庆的中央大学建筑系，同年完成《建筑教育》一文，简要介绍了巴黎美院及其学徒制度系统。此后，童寯一直在中央大学（南京工学院）任职，直至去世。童寯在其思想汇报中回忆：

---

① 出自《关于给"东大"学生补课一事》，详见：童寯. 童寯文集（第4卷）[M]. 童明，杨永生，主编. 北京：中国建筑工业出版社，2006.

"1967年底到1968年1月间我为革命造反派写些关于建筑教育历史的简述，介绍资本主义修正主义建筑教育的沿革和内容。"[1]

由以上叙述可见，童寯20世纪30年代初就介入建筑教育行业，40年代中期开始关注世界建筑教育，60年代中期开始对外国建筑教育相关资料进行系统整理研究。他对这些资料的关注始于南京工学院20世纪60年代的教学改革，他曾回忆道：

"我想到教学改革问题，联系专业，要弄清楚我们系的课程内容是怎么传下来的，就得研究建筑教育历史。我除了这个题目，就要研究生去翻参考资料。当然，所翻的尽是资本主义国家文献。"[2]

由此可见，童寯编纂建筑教育史的目的，一方面是为了让中国建筑界了解世界建筑教育的发展以及中国建筑教育的渊源；另一方面是希望这本简要的建筑教育史能给中国建筑教育改革提供某些参考。

二、史学理论视野下的建筑教育史写作

1. 西方建筑教育体系主导的历史叙述

从地区来讲，《建筑教育史》中涉及的欧洲国家最多，有法国、比利时、卢森堡、意大利、马耳他、西班牙、葡萄牙、希腊、德国、奥地利、瑞士、荷兰、瑞典、丹麦、芬兰、爱尔兰、英国、苏联、波兰等；北美地区只有美国，未涉及加拿大；拉美地区仅涉

---

[1] 出自《"孺子牛"学习小组情况汇报》，详见：童寯. 童寯文集（第4卷）[M]. 童明，杨永生，主编. 北京：中国建筑工业出版社，2006.

[2] 出自《对南工建筑研究室的批判》。详见：童寯. 童寯文集（第4卷）[M]. 童明，杨永生，主编. 北京：中国建筑工业出版社，2006.

及墨西哥、古巴、阿根廷三国，且内容简短；非洲仅涉及南非、加纳两个英联邦国家，内容极短；亚洲、大洋洲除对英联邦成员印度、新加坡以及澳大利亚有简要介绍外，仅有日本和中国香港地区。这些简要介绍的国家和地区，一般仅有年代和学校名称，几乎不涉及具体的学制和课程安排、教学思想、代表人物等。从书中西欧、东欧、拉美、非洲、亚洲中各摘录一例说明：

"葡萄牙：有里斯本高等艺术学院与斗波多高等艺术学院，有建筑专业。"①

"东德：东德德累斯登工业大学房屋学院有建筑系，德累斯登艺术学院也有建筑专业，莱比锡马克思大学建筑学院有规划系，威玛有房屋建筑学院，在包豪斯校舍长期失修后，1970年前夕又焕然一新。"②

"古巴：1964年设两所建筑院校，并授予学位，课程着重工地实践，一半时间在教室，一般在建筑施工场地。教室学设计课联系社会要求，延请设计院有专长的工作者到院校教课。"③

"加纳：Kuas有建筑学科。1964年组成建筑、规划、技术与科研各部门，教师来自各国。"④

① 出自《建筑教育史》"葡萄牙"词条。参见：童寯. 童寯文集（第2卷）［M］. 童明，杨永生，主编. 北京：中国建筑工业出版社，2001.
② 出自《建筑教育史》"东德"词条。参见：童寯. 童寯文集（第2卷）［M］. 童明，杨永生，主编. 北京：中国建筑工业出版社，2001.
③ 出自《建筑教育史》"古巴"词条。参见：童寯. 童寯文集（第2卷）［M］. 童明，杨永生，主编. 北京：中国建筑工业出版社，2001.
④ 出自《建筑教育史》"加纳"词条。参见：童寯. 童寯文集（第2卷）［M］. 童明，杨永生，主编. 北京：中国建筑工业出版社，2001.

"新加坡：大学设有建筑学院。"①

相反，详细介绍的国家如法国、美国等，则包含其历史沿革、代表院校、学制和课程、代表人物、教学方法、设计思想等。事实上，童寯于1970年完成后刊于《中国大百科全书》的《外国建筑教育》一文，仅列举了意大利、法国、德国、美国、日本、苏联六个国家的情况。尽管《建筑教育史》比1970年的《外国建筑教育》列举了更多的国家和地区，但就其篇幅分配来讲，以法国、德国、美国、英国、日本、苏联六个国家为重点，其中法国、美国是重中之重，对此，童寯是这样解释的：

"建筑教学，法国领先，很早就有专业学校，其次，美国抄袭法国建筑教育，比任何其他国家都彻底，而我国建筑学专业都必几乎全部是从美国训练回来的。所以法美两国是研究题目资料的主要来源……"②

详细介绍的非西方建筑教育体系，如苏联和日本等，其实也和西欧和美国关系密切。十月革命前的俄国和法国的古典主义教育体系有千丝万缕的关系，日本建筑教育则移植自英国、德国和美国等。因此，一部《建筑教育史》实际上是一部由西方建筑教育体系主导的简要历史。

---

① 出自《建筑教育史》"新加坡"词条。参见：童寯. 童寯文集（第2卷）[M]. 童明，杨永生，主编. 北京：中国建筑工业出版社，2001.

② 出自《对南工建筑研究室的批判》。详见：童寯. 童寯文集（第4卷）[M]. 童明，杨永生，主编. 北京：中国建筑工业出版社，2006.

《建筑教育史》不同国家描述篇幅统计

地区	国家 / 区域	重点研究对象	字数
欧洲	西部：法国、比利时、卢森堡、意大利、马耳他、西班牙、葡萄牙、希腊、德国、奥地利、瑞士、荷兰、瑞典、丹麦、芬兰、爱尔兰、英国	法国	约4500字
	东部：苏联、波兰、东德	苏联	约2300字
北美	美国	美国	约6000字
拉美	墨西哥、古巴、阿根廷	无	无
非洲	南非、加纳	无	无
亚洲、大洋洲	英联邦成员（印度、新加坡以及澳大利亚）	日本	约2400字
	中国香港地区、日本		

2. 现代主义价值取向下的教育史论述

尽管童寯是接受布扎体系建筑教育而成长起来的优秀建筑师，他对巴黎美院及其在北美的追随者们却持有批判态度。他首先肯定了巴黎美院在19世纪的优越地位和优良传统：

"但巴艺建筑专业还有不可否认的一套传统。首先是六条评审设计标准：一、对设计课题中心思想的正确分析；二、抓主要矛盾，具特殊主见；三、平面布置关系合理；四、制图技巧优良，明朗清晰；五、构图紧凑协调；六、设计简单精确，富探索性、创造性、逻辑性。其次是教学方式五特点：一、设计课的师徒图房制度；二、高班生辅导低年级；三、设计图纸评审工作全由开业建筑师定期来院进行；四、入学后对学生立即开始设计训练；五、设计课方案草稿和快捷草图制图。"①

在童寯看来，巴黎美院体系发展出的这套教育传统，使其在19世纪下半叶成为法国独一无二的学府，影响遍及欧美，可谓是最先进完善的教育制度。然而20世纪30年代之后，随着新建筑及国际风格出现，它就成为"因循守旧、孤芳自赏"的保守派了。其教学脱离实际、不接触建材、不观察工地、不与社会其他职业联系，两百年前的课题竟然依旧出现在设计课题中。童寯对此感慨道"难道法国大革命、欧洲工业革命、阶级权力转移、建材施工演进，对巴艺教学都没有触动吗？"②随着20世纪60年代的激进左翼运动，巴黎美院终于在1968年之后彻底改革。

"1968年是第二次世界大战后，法国最不平静的开始。接连不断罢工、罢课标志两年多动乱的紧张岁月。1968年5月正式结束拿破仑第一钦定的巴艺体制，作为建筑教育最老又最正统根据地巴艺，也正是受冲击，又更是起来造反合乎逻辑场所。"③

"1971年……提出教学新方向，走向合理化，偏重科技性，冲淡政治'左倾'气氛。设计课题由地理学家、经济学家、社会学家会同建筑师与规划专家拟定。"④

美国学府的建筑教育从19世纪后半叶起就开始模仿法国巴黎美院教育体制，并通过设立罗马美国学院、成立巴艺同学建筑师协

---

① 出自《建筑教育史》综述部分。参见：童寯. 童寯文集（第2卷）[M]. 童明，杨永生，主编. 北京：中国建筑工业出版社，2001.

② 同①。

③ 同①。

④ 同①。

191

会、设立巴黎大奖、成立全美建筑院校联合会等方式全方位支持这一教育制度。

"……从1880年起，每年十多人（最多十五人）由巴黎返美，有的被聘为专业教师，到1900年达到高潮，直迄20世纪30年代，势头才减弱降至消沉。这一整个时期，美国建筑专业一帮对巴黎的倾倒，忽视科技，刮起艺术至上之风，甚嚣尘上。"①

然而深受巴黎美院影响的美国学府，也由于20世纪30年代欧洲现代艺术的影响，尤其是德国包豪斯成员（格罗皮乌斯、布劳耶、密斯等）等的到来焕然一新，确立了现代主义建筑教育的主导地位。

"1932年纽约新艺术博物馆，接览欧洲现代艺术家作品，使美国人眼界为之一新。第二次世界大战前夕，西欧，主要是法国建筑家，有的迁居美国开业并教学，他们赋予美国建筑思潮以崭新动力。……格罗皮乌斯1936年践哈佛大学之约，到美国定居，主持哈佛建筑专业，立将巴艺古典残渣一扫而尽。他又邀请包豪斯毕业教师布劳耶尔来哈佛协助。……密斯于1938年到芝加哥伊利诺理工学院主持建筑系……对后起很大影响。"②

在苏联，20世纪20年代的莫斯科高等工艺美术学校充满先锋实验的朝气，使苏联成为创作新建筑风格的摇篮，然而随着30年代中期建筑政策出现复古倾向，苏联建筑教育也走向了强调复古艺术

---

① 出自《建筑教育史》"美国"词条。参见：童寯. 童寯文集（第2卷）[M]. 童明，杨永生，主编. 北京：中国建筑工业出版社，2001.

② 出自《建筑教育史》综述部分。参见：童寯. 童寯文集（第2卷）[M]. 童明，杨永生，主编. 北京：中国建筑工业出版社，2001.

倾向之路，倒退近二十年，后终于在50年代中期接着建筑工业化的政策再次与西方现代主义接轨。在日本，建筑教育一直是一面倒地倾向西方，开始就以德国体系为主，偏向工程而非艺术。虽经历过一段学习西方折中主义的洋风时期，然而随着东京帝国大学一批建筑家先后受柯布西耶影响，在20世纪30年代全面确立了现代主义在学院中的主导地位。

综合以上摘录及概要，《建筑教育史》通过对法国、美国等国家和地区建筑教育转型的介绍，表达了建筑教育要随着时代变化而不断改革的观点。从19世纪后半叶到20世纪后半叶的历史表明，建筑教育从重视艺术的古典主义转到重视科技和社会实用性的现代主义是不可阻挡的过程，这表明了童寯的现代主义价值取向。

3．教育实践需求下的教育史选择

在《建筑教育史》的开篇引言中，童寯表露了写作这本书的初衷：

"建筑教育事业在我国即使与第三世界相比较，也是很晚的了。只有五十年短暂的历史，师资、学生人数更难与发达国家相比拟。但正因为起步太迟，才有和先进国家比较与借鉴的机会，取长补短，庶几事半功倍之效。"①

由此可见，童寯的建筑教育写作主要是为了给中国建筑教育发展和改革提供参照方向。传统中国的建筑教育是巧者梓人、泥瓦

---

① 出自《建筑教育史》前言部分。参见：童寯. 童寯文集（第2卷）[M]. 童明，杨永生，主编. 北京：中国建筑工业出版社，2001.

工匠师徒传授制度，没有训练工程管理的学府，建筑教育完全自国外移植而来。以近代办学历史最早的两所建筑院校——沈阳东北大学和南京中央大学为例，前者成立于1928年，以梁思成、林徽因、陈植、童寯等留美（宾夕法尼亚大学）教师为主体，完全照搬了宾大的学制，被童寯称为"宾大的沈阳分校"；后者成立于1927年（更早可以追溯至1923年的苏州工专），最初引用日本学制，设计与结构并重，后随着20世纪30年代留美派的主导而同样转向宾大体系。童寯曾经感叹：

"所谓'三十年传统'，所谓'沙坪坝时代'，其根子乃在远离中国的费城甚至巴黎，想要改革吾国的建筑教育，一定要追问到底。本雪文亚大学（即宾夕法尼亚）建筑系的学制是值得了解一番的。"①

短短五十年的发展并不足以让中国建筑教育达到较高水平，对发达国家的追随与学习的过程并未完成。想要进行建筑教育改革，首先要了解中国建筑教育的起源，这也是把美国和法国建筑教育作为叙述重点的原因之一；其次要了解世界（尤其是发达国家）的建筑教育状况；最后要吸取这些发达国家建筑教育的经验和教训。

曾经显赫一时的巴黎美院及其美国追随者的古典主义教育体系已经没落，取而代之的是20世纪30年代兴起的现代主义教育体系和60年代更新的包含城市、社会、人文在内的环境设计学科，中国

---

① 出自《美国本雪文亚大学建筑系简述》，参见：童寯. 童寯文集（第1卷）[M]. 童明，杨永生，主编. 北京：中国建筑工业出版社，2000.

建筑界应该思考是否要追随这样的发展变化。再比如苏联建筑教育体系在20世纪30—50年代的古典主义回潮带来的失败教训，给中国提供了同样的反思教材。而日本建筑教育体系从模仿到超越的过程同样值得中国建筑教育改革加以借鉴。

这部《建筑教育史》选择了法国、德国、美国、英国、日本、苏联六个国家为重点研究对象，因为中国建筑教育主要移植自这些发达国家的教育体系。而代表全球建筑教育最佳范本的这些国家，它们自身的建筑教育体系也一直处在改革和更新之中，作为追随者的中国，一方面要汲取它们成功的经验（如现代主义教育体系在美国的主导），另一方面也要吸取它们失败的教训（如古典主义教育在苏联的回潮）。

第五节　中国建筑史写作

比起西方现代建筑史、日本近现代建筑史、苏联及东欧建筑史等外国建筑史研究，童寯的中国建筑史研究不论在成文数量上还是在体系完整性上都显得稍逊一筹。童寯的中国建筑史写作包括20世纪30—40年代的《北平两塔寺》（1931年）、《中国建筑的外来影响》（1938年）、《中国建筑的特点》（1940年）、《中国建筑艺术》（1944—1945年）等短文，以及始于20世纪30年代，一直持续至70年代的研究笔记及摘录文献，这些笔记文献虽不乏精辟论述，但尚未成文，不成体系。因此本节主要关注前述短文。

一、写作内容

1.《北平两塔寺》

《北平两塔寺》并非一篇严格意义上的史学论文，它更像是一篇游记。1931年"九·一八"事变后，东北大学师生撤离至北平，同年冬季，童寯离开北平到达上海。在北平期间参观大正觉寺和碧云寺后写了这篇短文，后发表于《中国建筑》（1931年）。文章简要介绍了两寺金刚宝座塔的形制和历史，并对两座金刚宝座塔进行了简要对比：

"碧云寺塔形式与正觉寺塔堪称无独有偶，唯精神则不及正觉寺塔远甚。……与西洋建筑其中之Baroque神气相似，远不如五塔寺塔龛柱之古雅。石琢人物亦极冷硬。"①

在结尾处，作者把这两座塔与西方古代建筑进行了比较，正觉寺的塔轻灵，类似哥特式；碧云寺的塔笨重，像罗马风：

"若以西洋建筑诸式比拟两塔，则正觉寺之轻灵有类Gothic，碧云寺塔之笨重有类Roman。但碧云寺依山势布置石阶重叠，殊为雄壮，此又五塔寺所不如也。"②

但是这种对比只是作者的直觉感受，并无细致缜密的理性分析做支撑，可见此时童寯尚未对中国建筑与印度及西方建筑的关联进行深入思考。

---

① 出自《北平两塔寺》，详见：童寯. 童寯文集（第1卷）[M]. 童明，杨永生，主编.
  北京：中国建筑工业出版社，2000.
② 同①。

2.《中国建筑的外来影响》

到了1938年的《中国建筑的外来影响》，这种了解就非常全面深入了。这篇文章已在本书第二章（该章侧重于挖掘这篇文章隐含的评论性观点）有所叙述。该文提到的"希腊—印度—中国"建筑传播路径应是受到日本学者伊东忠太的影响。伊东忠太于1925年出版的《东洋建筑研究》上册（即《中国建筑史》）中就曾提到受希腊影响的犍陀罗佛教艺术对中国的广泛影响，1930年伊东忠太应邀在中国营造学社做的题为《中国建筑之研究》再次重复了这个观点：

"中国建筑与外国建筑，关系重大。由太古至汉，古代西亚大夏安息，其他西域诸国，六朝以后之波斯印度犍陀罗回教诸国西藏等影响，在事实上，一一可以认明，此等外来素因，其融化于中国风味之现象，最饶趣味。顾其说繁复，非仓促所可以详陈。"[①]

此外，在1931年设计的筑地本愿寺（1934年落成）中，伊东忠太采用了极具印度风情的外观造型，以展示其研究成果。事实上，童寯非常重视日本学者的研究，在其中国建筑史研究笔记中，童寯写道：

"日人研究中国建筑者有权威塚本、伊藤清造、伊东忠太、关野贞，所著中国建筑二卷，上卷已出版。"[②]

在该研究笔记中，童寯特别还摘录了伊东忠太的观点：

"外国影响：西亚、大夏、安息（古）、波斯、印度、犍陀罗、

---

① 伊东忠太. 伊东忠太博士讲演中国之建筑 [J]. 中国营造学社汇刊，1930，1（2）：1-11.
② 出自童寯"中国建筑史"研究笔记，参见：童寯. 童寯文集（第3卷）[M]. 童明，杨永生，主编. 北京：中国建筑工业出版社，2003.

回教。"①

实际上，童寯对中国建筑特征的认识、中国建筑的分期断代都受到过伊东忠太的影响，这点在后文中会进一步揭示。

3.《中国建筑的特点》和《中国建筑艺术》

1940年的《中国建筑的特点》一文也在本书第二章有所叙述（该章侧重于分析这篇文章的评论部分），该文通过中西古典建筑对比探讨中国建筑的结构特点、装饰特征和平面布置。童寯的中国建筑史研究笔记中曾记录了伊东忠太对中国建筑特点的归纳：

"1.宫室本位；2.左右均齐；3.外形有趣，如屋顶、窗样；4.材料构造，木造、砖造两材质合有之；5.色彩，为其生命；6.花纹；7.轻巧玲珑；8.结构部分，全露且饰之。"②

但是《中国建筑的特点》一文并没有完全照搬伊东忠太的观点。在结构层面上，作者列举了木构架和大屋顶两项；在装饰上，列举了彩画一项；在平面布置上，列举了规则布局与自由交通的结合。因此，我们可以将作者对中国建筑特征的观点归纳为"精巧的木作结构""基于结构原理且兼具功能性的大屋顶""兼具装饰性与功能性的油饰彩绘""严格对称的建筑与不对称的园林相结合"四项。这些观点是典型的结构理性主义原则下对中国建筑的诠释，倒非常接近1932年林徽因在《论中国建筑的几个特征》中列举的要素。同样地，支撑林徽因论述的也是结构理性主义、材料构造的真实性原则，以及艺术发展盛衰进化论的历史观念。

---

① 出自童寯"中国建筑史"研究笔记，参见：童寯. 童寯文集（第3卷）[M]. 童明，杨永生，主编. 北京：中国建筑工业出版社，2003.

② 同①。

《中国建筑的特点》与《论中国建筑的几个特征》观点对照

文本		《中国建筑的特点》	《论中国建筑的几个特征》
作者		童寯	林徽因
时间		1940年	1932年
观点摘录	木构架	"这种木架建筑，由柱负载重量，恰与西洋建筑之由墙负载重量相对立。如将洋房之墙拆去，则屋顶楼板，无所附托，立即塌下，但若将中国式房屋之墙拆去，亦不过如人剥下衣服，屋架仍赤身露体地立着，瓦顶楼盘，岿然勿动，东西建筑两个系统，主要分别在此。"	"这架构制的特征，影响至其外表式样的，有以下最明显的几点：（一）高度无形地受限制，绝不出木材可能的范围。（二）即使极庄严的建筑，也呈现绝对玲珑的外表。结构上既绝不需要坚厚的负重墙，除非故意为表现雄伟的时候，酌量增用外（如城楼等建筑），任何大建，均不需墙壁堵塞部分。（三）门窗部分可以不受限制，柱与柱之间可以完全安装透光线的细木作——门屏窗牖之类。"
	屋顶与斗拱	"中国建筑的又一特点，就是，屋顶毫不客气地外露，并且有许多变化花样，其中当然有一片道理在。中国式屋顶是木架结构的一部分，即无可掩藏，莫若干脆地显出来，并因为恐州柱易受雨浸，出檐特长，而有斗拱的发明。"	"总的说起来，历来被视为极特异神秘之屋顶曲线，并没有什么超出结构原则，和不自然造作之处，同时在美观实用方面均是非常的成功。……不过当复杂的斗拱，的确是柱与檐之间最恰当的关节，集中横展的屋檐重量，到垂直的立柱上面，同时变成檐下的一种点缀，可作结构本身变成装饰部分的最好条例。"
	彩画	"以木构架为主体的建筑，尤其是所用木质非尽良材的时候，油漆乃保护建筑的凭借，因此中国建筑上生出彩画。到过北平的人，哪一个不觉得宫殿庙宇内外彩画的富丽。其五光十色，只有法国几个大教堂的颜色玻璃可以媲美。"	"因为木料不能经久的原始缘故，中国建筑又发生了色彩的特征。涂漆在木料的结构上为的是：（一）保存木质抵制风日雨水；（二）可牢结合处接合关节；（三）加增色彩的特征，这又是兼收美观实际上的好处，不能单以色彩作奇特繁华之表现。"
	基座	无	"大建筑的基座加有相当的石刻花纹，这种花纹的分配似乎是根据原始木质台基而成，积渐施之于石。与台基连带的有石栏、石阶、辇道的附属部分，都是各有各的功用而同时又是极美的点缀品。"

文本		《中国建筑的特点》	《论中国建筑的几个特征》
观点摘录	平面布置	"中国建筑于平面布置上，已有特殊之点，即以正厢分宾主，有时且借由游廊联络，使极端规则式几何单位，舒卷为燕适合度的所在，园林的排当，既有这种办法变通而得。"	"平面布置上最特殊处是绝对本着均衡相称的原则，左右均分地对峙。……例外于均衡布置建筑，也有许多。因庄严沉闷的布置，致激起故意浪漫的变化；此类若园庭、别墅，宫苑楼阁者是平面上极其曲折变幻，与对称的布置正相反其性质。"

在林徽因看来，中国建筑的特征来自木材及其"架构制"的结构原则。如木作"架构制"带来"有限高度""玲珑外表""自由门窗"的形式外观。屋顶的形式也是这种架构举折的结果，屋顶及其附属物（如脊瓦、脊吻和走兽）既有实际功能，又有装饰意义；斗拱具有结构功能和度量功能，后逐渐退化为单纯的装饰和象征构件；油漆彩画的使用主要是为了保护木构件而非仅仅为了装饰；台基主要是为了支撑整个木构建筑，后来逐渐布满纹饰。而均衡相称、左右均分的平面组织是结构之外的环境思想如宗教、社会制度、文化习俗影响的结果。

梁思成的《中国建筑之特征》（1944年）在前述林徽因观点的基础上，更加清晰地从结构和环境思想两个方面展开中国建筑的特征描述。结构方面包括：木材为主；构架制之原则；斗拱为结构关键，并为度量单位；外部轮廓特异，包括翼展之屋顶、崇厚阶基、玲珑屋身、院落组织、彩色施用、绝对对称与绝对自由两种平面布局、用石之失败七个方面。环境思想方面包括：不求原物长存之观念；建筑活动受道德观念之制裁；着重布置之规制；师徒传授，不重书籍。

童寯完成于1944—1945年的手稿《中国建筑艺术》不仅综合了前述《中国建筑的外来影响》《中国建筑的特点》两篇文章的观点，同时也认可了梁思成的说法，如其中列举的中国文化不崇尚广厦巨制的简朴观念、忽略耐久性的超脱哲学等，正是梁文中罗列的环境思想部分。间架建造体系的模数化、预制化，以及门窗、墙体的自由布置在林、梁的文章中也均出现过。

《中国建筑艺术》与《中国建筑之特征》观点对照

文本		《中国建筑艺术》	《中国建筑之特征》
作者		童寯	梁思成
时间		1944—1945年	1944年
观点摘录	节俭观念	"中国哲学素不崇尚广厦巨制。帝胄之家暇来游息之筑尤其如此。为此，王者从政于茅舍，智者起居于陋室，皆为亘古美谈。"	"古代统治阶级崇尚俭德，而其建置，皆征发民役经营，故以建筑为劳民害农之事，坛社宗庙，城阙朝市，虽尊为宗法、仪礼、制度之依归，而宫馆、台榭、宅第、园林，则抑为君王骄奢、臣民侈僭之征兆。"
	耐久性能	"哲人之超脱即在忽略房屋之耐久。缘此，中国少有宅第能历时一二世纪犹存可以史迹者，至于庙宇、祠堂、佛塔之属则佳构较多，此乃宗教之考虑而从选材、维护皆有所重使然。"	"古者中原为产木之区，中国结构既以木材为主，宫室之寿命固乃限于木质结构之未能耐久，但更深究其故，实缘于不着意于原物长存之观念。"
	间架体系	"其营造方法简单，故匠人亦常为建筑师，房主亦无须借蓝图以预知竣工后之样式。中国木构之标准单元为'间'……此模数体制使工程简化，中国匠人可被誉为'预制化'先行者。"	"此结构原则乃为梁柱式建筑之构架制。以立柱四根，上施梁材，牵制成为一'间'（前后横木为枋，左右为梁）。梁可数层重叠称梁架……四柱间之位置称'间'。通常一座建筑物均由若干'间'组成。"

文本	《中国建筑艺术》	《中国建筑之特征》
观点摘录 / 围护体系	"按此方式建成之结构质轻而空灵，其敞亮犹若鸟笼，窗牖配置自如，尺寸巨大，所挡碍者唯有柱子。墙垣仅围设于需要处。此诚所谓'自由立面'。"	"此种构架制之特点，在使建筑物上部之一切荷载均由构架负担……建筑物中所有墙壁，无论其为砖石或为木板，均'隔断墙'，非负重之部分。是故门窗之分配毫不受墙壁之限制，而墙壁之设施，亦仅视分隔之需要。"
色彩运用	"由于木材主宰中国建筑，木材保护与美化考虑周详，油漆之用不惜糜费。纪念性建筑，其斗拱、梁枋、椽檩、藻井天花皆施漆饰，大批木柱亦均髹以朱红、黑色亮漆或金色，其用色繁多、和谐，令人叹服。"	"彩色之施用于内外构材之表面为中国建筑传统之法。……盖木构之髹漆为实际必需，木材表面之纯丹纯黑犹石料之本色；与之相衬之青绿点金，彩绘花纹，则犹石构之雕饰部分。而屋顶之琉璃瓦，亦依保留素面之原则，庄严殿宇，均限于纯色之用。故中国建筑物虽名为多色，其大体重在有节制之点缀，气象庄严，雍容华贵，故虽有较繁缛者，亦可免淆杂俚俗之弊焉。"

二、发展取向

虽然童寯认同伊东忠太、林徽因、梁思成等学者对中国古代建筑特点的分析，但是在如何继续发展中国建筑的问题上，童寯与他们有很大分歧。尽管他们都同意中国建筑要随着时代的进步而革新，然而对于如何进行革新却有不同意见。

伊东忠太于1930年在中国营造学社的演讲中对各国争相模仿欧美新建筑（即国际式建筑）的做法表达了深切的忧虑。在他看来，这种对外国建筑不假思索地生吞活剥的结果便是创造一堆没有生命的建筑，模仿愈是精巧，建的品位愈低。因此中国建筑的出路不在于这种模仿中，而在于返本开新——以五千年的国土与国民为背景而发展出来的建筑样式为经，以应用新科学、新材料构造、新设备等为纬，必能求得清新之建筑，这其实也是伊东忠太在日本的实践方向——以日本历史样式为经，以新材料、构造、设备为纬，比如其设计的大仓集古馆（1927年）、祇园阁（1927年）等。

林徽因看到现代欧洲建筑已经抛弃了古典派的"垒砌制"，采用了"洋灰铁筋架"和"钢架"结构，而中国建筑的架构制原则和现代主义建筑的结构原则是一致的，因此她乐观地断言"将来只需变更建筑材料，主要结构部分则均可不有过激变动，而同时因材料之可能，更作新的发展，必有极满意的新建筑产生"。①

梁思成对于盲目模仿西方古代、现代建筑痛心疾首，并将其与中国文化的衰落乃至消灭相联系：

"一个东方老国的城市，在建筑上，如果完全失掉自己的艺术特性，在文化表现及观瞻方面是大可痛心的。因这事实明显代表着我们文化的衰落，至于消灭的现象。"②

至于如何挽回这种损失，他认为要有意识地在西式建筑的基础上，发展中国精神的建筑：

"今后为适应科学动向，我们在建筑上虽仍同样地必须采用西洋方法，但一切为自觉的建设。由有学识，有专门技术的建筑师，担任指导，则在科学结构上有若干属于艺术范围的处置必有一种特

---

① 引自林徽因的相关研究结论。参见：林徽因. 论中国建筑的几个特征［J］. 中国营造学社汇刊，1932，3（1）：163-179.
② 引自梁思成的相关研究结论。梁思成. 中国建筑史［M］. 北京：百花文艺出版社，2005.

殊的表现。为着中国精神的复兴，他们会做美感同智力参合的努力，这种创造的火炬已曾在抗战前燃起，没所谓'宫殿式'新建筑就是一例。"①

同时他也践行了返本开新的实践观，以及林徽因的"材料置换"观点，在他参与的南京中央博物院设计中，他从既有的古建筑实物和法式中分别提取所需要素，然后重新整合，用钢筋混凝土材料创造了一个辽宋"豪劲"时期的中国古典式建筑②。

与伊东忠太、林徽因、梁思成等人的实践观不同，童寯认为在近代科学、材料发展的条件下，中国木构建筑的种种优点全部成了缺点。结构上，木结构不能防火、抗震、抗炸，完全不适用于现代，大屋顶采光差且浪费空间；装饰方面，彩画在坚固的钢骨水泥上并没有用处；平面布局方面，利用游廊组织交通极度浪费空间。同时他也反对林徽因的"材料置换"方式，在他看来，随着材料的变化，形式一定会跟着变化，钢架可以比木构件跨度大出一倍，如果用来模仿木构架将造成极大浪费。因此，在他看来，中国建筑应该抛弃这些基于木构建筑的特征，积极融入世界建筑的潮流，才有可能在钢筋水泥上创造出新的黄金时代。

如第二章所述，在童寯的公共建筑实践中，"国际式"往往是最优先的选择，其次是平屋顶的"新民族形式"，大屋顶的"中国

---

① 引自梁思成的相关研究结论。梁思成. 中国建筑史［M］. 北京：百花文艺出版社，2005.

② 出自赖德霖《设计一座理想的中国风格的现代建筑——梁思成中国建筑史叙述与南京国立中央博物院辽宋风格再思》，参见：赖德霖. 走进建筑走进建筑史：赖德霖自选集［M］. 上海：上海人民出版社，2012.

梁思成参与设计的南京中央博物院现状

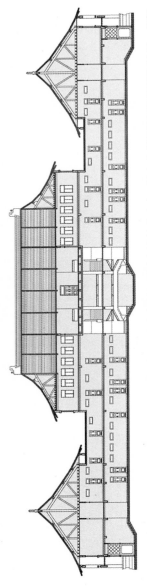

华盖建筑师事务所南京国民政府立法院办公楼大屋顶顶方案剖面图（在设计方案中，该办公楼屋顶采用钢桁架体系，但仅停留在方案阶段，并未实施）

来源：周琦建筑工作室

古典复兴式"建筑几乎都是在建设方的压力下迫不得已的妥协。而在这些"中国古典复兴式"建筑中，屋顶并不是通过模仿木构架的举折来实现的，而是采用钢桁架体系。因为在童寯看来，不使用三角形结构是中国建筑的一大结构缺陷：

> "中国传统匠人之无知或本能上厌恶三角形，致使结构减弱为易倾圮之平行四边形，虽其刚度已被证实。而英国式半木构型亦为木结构，其强度远胜中国木构架。究其原委，实由于其体制所形成之无数三角形之故，姑不论尽人皆知英国橡树之优异材质。"①

三角形结构的稳定性显示出超越传统举折体系的结构优越性，而童寯在"中国古典复兴"式建筑屋顶结构上的实践体现了他对以往传统匠人错误的纠正和对科学结构计算的信赖。

三、关于研究笔记

童寯的中国建筑史研究笔记有三大特点，一是时间跨度大，从20世纪30年代初直至70年代，一直处在记录、摘抄、研究、增补、修改的过程中；二是内容繁杂，涉及中国建筑、园林、环境、文学等多种内容；三是来源广泛，既有来自传统文献的内容，也有不少其他国内外学者的摘录，还有自己的研究心得。据《童寯文集》编者说明，这些研究笔记最初是为编写教材而准备的材料。但由于种种原因，目前在文集中出版的内容并未真正成书。

---

① 出自《中国建筑艺术》，详见：童寯. 童寯文集（第1卷）[M]. 童明，杨永生，主编. 北京：中国建筑工业出版社，2000.

研究笔记中关于中国建筑的分期也部分参照了伊东忠太等学者的观点。他将三代、秦、汉划为第一期，魏晋、六朝为第二期，隋、唐、南北宋划为第三期，元、明、清划为第四期。前两期的划分参照了伊东忠太的分法，《中国建筑史》止于南北朝，按伊东忠太的观点，以汉末三国为界，第一阶段为中国固有文化时期，第二阶段为受外来文化影响时期，童寯显然认可了这种说法。元、明、清划为最后一期，是梁思成、刘敦桢等学者的共识，然而隋至南宋，则有不同分法，梁思成的《中国建筑史》将隋、唐划为一期，五代、宋、辽、金划为一期；刘敦桢主编的《中国古代建筑史》略有不同，将五代划入隋、唐部分，宋、辽、金划为另一部分，可见在梁、刘看来，隋、唐和宋不应混为一体。童寯则认为南北宋继承了隋、唐的建筑特点，可以划为一期。

童寯的研究笔记还涉及边疆地区的建筑。尤其是西藏部分，存有许多绘制精美的手稿，如布达拉宫、白居寺、拉当寺、塔尔寺、庄孜寺、大昭寺、桑鸢寺、牧民帐房等，从手稿上的注释来看，这部分内容主要来自20世纪60年代出版的《文物》《中国古代建筑史》等期刊和书籍。

此外，童寯的研究笔记摘录了部分乐嘉藻《中国建筑史》的内容。乐嘉藻的《中国建筑史》十分注重各类建筑及构件名称的由来和演变，其研究方法偏重传统文献考证，与清代乾嘉学派以来经学研究中的名物考订一脉相承。该书出版不久就遭到梁思成的激烈批判，此后长期处于学科边缘，无人问津。在偏重考古学实物调查和艺术史形式分析的梁思成看来，乐嘉藻的《中国建筑史》不仅不

208

不同学者的中国建筑史分期对比

作者	童寯	伊东忠太	梁思成	刘敦桢
文本	《中国建筑史》研究笔记	《中国建筑史》	《中国建筑史》	《中国古代建筑史》
时间	20世纪30—70年代	1925年	1944年	1963—1966年
历史分期	四期 1. 夏、商、周、秦、汉 2. 魏晋、六朝 3. 隋唐、南北宋 4. 元、明、清	二期 1. 汉以前 2. 三国至南北朝	六期 1. 上古—秦 2. 两汉 3. 魏晋、南北朝 4. 隋唐 5. 五代、宋、辽、金 6. 元、明、清	六期 1. 夏—春秋 2. 战国—三国 3. 两晋、南北朝 4. 隋、唐、辽、五代 5. 宋、 6. 元、明、清

够客观严谨，且远达不到史学的高度①。但刘敦桢的《大壮室笔记》和童寯的中国建筑史、园林史研究笔记却经常使用这种文献考证的方法。童寯的中国建筑史研究笔记中不仅摘录了乐嘉藻的部分文字内容（如对榭、观、楼、阁、庭、园、明堂等的古文献考证等），还抄绘了其部分插图（如拙政园图、明堂图等）。

第六节　建筑史与设计的结合

在童寯接受的布扎体系教育中，建筑史与建筑设计关系密切，建筑史在很大程度上成为为设计实践提供历史语汇的源泉。童寯在宾大求学时，主讲建筑史的教授为阿尔弗雷德·古梅尔（Alfred H. Gumaer），其课程内容以文艺复兴时期的建筑为主，学生课程作业需要大量临摹历史建筑图样，而《比较建筑史》以其详尽的历史介绍和精美的建筑图案，成为该课程最重要的指定参考书目②。随着现代主义在美国建筑院校逐渐占据主导地位，古代建筑史的重要性逐渐衰弱，甚至一度成为选修，取而代之的是现代主义建筑史课程，以吉迪恩的《时间、空间与建筑》为代表的宣扬现

---

① 出自梁思成的《读乐嘉藻〈中国建筑史〉辟谬》一文，具体参见：梁思成. 中国建筑史 [M]. 北京：百花文艺出版社，2005.

② 引自《梁思成图说西方建筑》中的叙述。参见：梁思成，林洙. 梁思成图说西方建筑 [M]. 北京：外语教学与研究出版社，2014.

代主义合法性和精英建筑师经典案例的建筑史著作成为教材①。因此,深受美国影响的几所主要中国建筑院校的外国建筑史课程教材讲义也大多基于《比较建筑史》和《时间、空间与建筑》②而作。

　　童寯的外国建筑史写作,如西方现代建筑史、苏联及东欧建筑史、日本近现代建筑史等文本,其主要目的是为设计实践提供历史参照,建筑教育史写作的目的是为南京工学院教育改革提供参考,早期的中国建筑史写作也在很大程度上是为当时的设计实践服务,体现了历史与设计的结合。在此,通过对历史进行某种有意识地选择、加工和变形,设计出一种明确的实践图景,或者反过来讲,正是为了这种明确的实践导向,而重新导演了过去的历史。它们的历史编纂大多借鉴《比较建筑史》的方式,采用词条式的体裁,以时间、地域为依据分节,以客观简练的文字进行描述。他在这些建筑史文本中表现出鲜明的现代主义建筑价值取向,具体而言便是精英建筑师主导建筑历史进程的英雄史观,以科技进步和工业化生产为特征的时代精神推动建筑发展的进步史观,以新材料、新结构、非古典构图、无附加装饰等为建筑造型特征的形式主义美学观。而对于非西方文化语境下的民族精神表现,他反对在民族形式的旧框架里探索现代性,而是反过来,在发展建筑工业科技的过程中,探索民族性的表达。他的观点似乎被苏联建筑"二十年弯路"

---

① 引自《美国建筑院校史学史》中的叙述。参见：WRIGHT G, PARKS J. The history of history in American schools of architecture: 1865-1975 [M]. Princeton: Princeton Architectural Press, 1990.

② 根据刘先觉先生的回忆,中国建筑院校在20世纪60年代一度将建筑史教材改为苏联的两部大部头建筑史著作,即《建筑通史》和《城市建设史》。

的失败教训和日本现代建筑从移植到超越的成功经验所证实。

与柯布西耶的"伟大的时代已经开始……"一样，这些建筑史写作呈现一种田园式的现代性观点，将社会文明的现代性与现代主义中的美学现代性并置，赋予政治、经济和文化统一的旗帜，追求和谐持续的进步。在童寯的建筑史写作里，这种现代性追求的核心便是对科学技术的极大认同与迫切需求，这也是鸦片战争以来整个中国社会的集体焦虑。从20世纪初新文化运动举起的"科学、民主"大旗，到50年代"科学技术现代化"的目标，以及80年代"科学技术是第一生产力"①的论断，无不体现出对落后的恐惧，对富强的渴望，以及对达到富强的途径——科技的认同。

① 1988年9月邓小平在全国科学大会上提出的论断。

第四章

文人情怀：童寯的园林史写作

  童寯是中国建筑界最早开始研究园林的学者。他在20世纪30年代初便开始调查江南园林，30—40年代就完成了《中国园林——以江浙园林为例》《满洲园》《中国园林设计前言》等文章，其中以《江南园林志》（1937年）一书为该时期的代表作品。20世纪60年代之后又完成了《亭》《石与叠山》《欧式园林》《江南园林》《中国园林对东西方的影响》《苏州园林——集中国造园艺术特征于一体》《"苏州古典园林"序》《北京长春园西洋建筑》《随园考》《江南园林》等文章，最终在去世前完成了《东南园墅》（1983年）和《造园史纲》（1983年）两本代表性园林专著。本章主要讨论《江南园林志》《东南园墅》《造园史纲》这三部代表作。首先从历史编纂的角度考察三部文本在层次、体裁、义例、程序、文笔方面的特点；其次从历史理论的角度解析童寯园林史写作背后的理论预设；在这两个层面的研究中，还要把这三部文本放在整个中国园林研究的语境中，与其他研究者（尤其是刘敦桢）的文本做对比分析，由此可以看出童寯与当时其他园林学者观点的异同，也可以看出其编纂方法和历史观念。

童寯园林史写作统计

文本	时间	发表 / 出版	字数
《中国园林——以江浙园林为例》	1936年	《天下》月刊	中文约1.5万字
《满洲园》	1937年	未发表	中文约900字
《江南园林志》	1937年完成，1963年出版，1984年第二版	中国建筑工业出版社	约2.8万字
《中国园林设计前言》	1945年	未发表	中文约400字
《亭》	1964年	《南工学报》	约1800字
《石与叠山》	1965年	未发表	约1300字
《欧式园林》	1970年	未发表	约1800字
《江南园林》	1970年	未发表	约1500字
《中国园林对东西方的影响》	1973年完成，1983年发表	《建筑师》	约4500字
《苏州园林——集中国造园艺术特征于一体》	1978年	《苏州古典园林》英文版序	约6700字
《苏州古典园林》序	1979年	《苏州古典园林》中文版序	约800字
《北京长春园西洋建筑》	1980年	《建筑师》	约4800字
《随园考》	1980年	《建筑师》	约3800字
《江南园林》	1988年发表	《中国大百科全书》	约1600字
《东南园墅》	1983完成1997出版	中国建筑工业出版社	中文约1.8万字（1997版）
《造园史纲》	1983完成	中国建筑工业出版社	约4.4万字、

第一节 历史编纂学角度下的童寯园林史写作

一、《江南园林志》

1. 层次："述""论"为主，兼有所"作"

《江南园林志》广泛引用了三十多种传统文献，不仅包括与园林直接相关的《园冶》《娄东园林志》《长物志》《平山堂图志》《扬州画舫录》《洛阳名园记》等园林志、地方志、图志、游园笔记，还包括《汉书》《南齐书》《魏氏春秋》等一般历史类文献，更有《世说新语》《浮生六记》这样的小说、散文。书中经常大段辑录文献中的语言，如"造园"一章写到"重台迭馆"时，就引用了清代沈复自传体散文《浮生六记》里的一段。

"其地长于东西，短于南北。盖北紧背城，南则临湖故也。既限于地，颇难位置，而观其结构，作重台迭馆之法。重台者，屋上作站台为庭院，迭石栽花于上，使游人不知脚下有屋。盖上迭石者则下实，上庭院者则下虚，故花木仍得地气而生也。迭馆者，楼上作轩，轩上再作平台，上下盘折，重迭四层，且有小池，水不漏泄，竟莫测其何虚何实……幸面对南湖，目无所阻。"[①]

---

① 出自《江南园林志》"造园"一章。参见：童寯. 江南园林志 [M]. 北京：中国建筑工业出版社，1984.

215

在这段引用后，作者给出自己的评论"此种做法，以人力胜天然。既省地位，又助眺望，可谓夺天工矣"。像这样"引用加评论"的写法在《江南园林志》中非常多见。除此之外，书中还提出了一些新概念，比如著名的"造园三境界"，作者先提出三境界的概念，然后再以苏州拙政园为例进行解释：

"盖为园有三境界，评定其难易高下，亦以此次第焉。第一，疏密得宜；其次，曲折尽致；第三，眼前有景。试以苏州拙政园为喻。园周及入门处，回廊曲桥，紧而不挤。远香堂北，山池开朗，展高下之姿，兼屏障之势。疏中有密，密中有疏，弛张启阖，两得其宜，即第一境界也。然布置疏密，忌排偶而贵活变，此迂回曲折之必不可少也。放翁诗：山重水复疑无路，柳暗花明又一村。侧看成峰，横看成岭，山回路转，竹径通幽，前后掩映，隐现无穷，借景对景，应接不暇，乃不觉而步入第三境界矣。"①

一般而言，传统志书大多倾向于用翔实的资料说话，而不直接分析评论，遵循"述而不作"的原则。如《娄东园林志》只描述了太仓十余处园林的状况，并不予以评价，也没有探讨其造园手法等。《江南园林志》最接近这类志书的便是"现况"一章了，该章描述了江苏、浙江、上海等地八十多处园林，既涉及历史沿革，又包含现状描述。但即使在这一章中，作者也经常加入自己的评价。

如对苏州拙政园的介绍中，就有一大段针对其整体意境、各处布局的主观评价词句：

---

① 出自《江南园林志》"造园"一章。参见：童寯. 江南园林志 [M]. 北京：中国建筑工业出版社，1984.

"唯谈园林之苍古者，咸推拙政。今虽狐鼠穿屋，藓苔蔽路，而山池天然，丹青淡剥，反觉逸趣横生。正门内假山虽不工，而有屏障之妙。远香堂居中，四顾无阻。东北空旷，自多山林；而西南曲折，北望见山楼，实为全园点睛。布置用心，堪称观止。"①

再比如对苏州留园的介绍和评价：

"园分三部，中部为涵碧山房，老树阴浓，楼台倒影，山池之美，堪拟画图。大而能精，工不伤雅。东部以冠云峰为主，乃明徐氏东园旧物。水石台馆，皆以'云'名之。措置适意，胜境天成。戏台部分，已划出园外。西部有丘陵小溪，便于登临，富有野趣。园内装折铺地女墙，各尽其妙，而以铺地为尤。山石亦非凡品。"②

由此可见，尽管《江南园林志》采用了志书的形式，以辑录和编述为主，但却并不完全等同于传统志书的"述而不作"，而是既有辑录，又有编述，还有一些独创性观点，可谓"述""论"为主，兼有所"作"③，将园林史、园林赏析和造园理论融于一体④。

---

① 出自《江南园林志》"现况"一章。参见：童寯. 江南园林志［M］. 北京：中国建筑工业出版社，1984.

② 同①。

③ 历史学家董恩林在其《历史编纂学论纲》中指出，"作"是著书立说的最高层次，即带有鲜明原创性的著作；"述"即编述，是对已有知识的整理和扬弃；"论"相当于今天意义上的辑录、抄纂。参见：董恩林. 历史编纂学论纲［J］. 华中师范大学学报（人文社会科学版），2000，39（4）：122-127.

④ 赖德霖在《20世纪中国园林美学思想的发展与陈从周的贡献试探》中认为中国园林的研究始终围绕着两个主题：一是"史"，包括历史上有关造园的史事、实存、遗迹以及人物，其目标是揭示园林建造和园林生活在中国历史上的社会和文化意义；二是"学"，包括有关园林的设计理念和审美欣赏，最终目标是揭示园林创作在艺术上的美学意义。按照赖的区分法，《江南园林志》显然是既有"史"，又有"学"。参见：赖德霖. 20世纪中国园林美学思想的发展与陈从周的贡献试探［J］. 建筑师，2018（5）：15-22.

2．体裁：述、记、志、图

《江南园林志》分为"造园""假山""沿革""现况""杂识"等章节，除此之外还包括版画、国画、插图、平面图等附图，该书广泛应用了述、记、志、图等志书常用体裁。

"造园"一章为概述，从中国园林的著作、布局、评价标准及造园各要素如花木池鱼、屋宇、叠石（在假山一章单独叙述）等几方面来概括中国园林。其中既有文献摘录，又有事实陈述，但这些内容更多是作为作者论述观点的铺垫和证据。全篇采用夹叙夹议的方式，道出了作者对中国园林的认知。

"假山"一章本应属于"造园"一章中造园各要素下面的一部分，但作者认为"迭山为吾国独有之艺术"，因此单独为其开辟一章，进行详述。此章体裁与前章不同，是从汉、晋、南北朝、唐、宋、元、明、清各个时期叠石艺术的发展入手的，类似编年体的写法。

"沿革"一章属于编年体。该章叙述了秦、汉、晋、南北朝、唐、宋、元、明、清等各时期造园的发展，以及各个时期的代表性园林，如上林苑（秦汉）、芳林园（曹魏）、芙蓉园（唐）、艮岳（宋）、西苑（明）、圆明园（清）等。

"现况"一章为典型的志书编写方式，按苏州、扬州、常熟、上海、无锡、南翔、太仓、嘉定、南京等各个地区进行分类，每个地区下面分别记述该地区的代表性园林。各个园林的记述方式均为历史沿革（何时兴建、经何人手改建等）与现状的结合，可以看作是纪事本末体的写法。

"杂识"一章与"造园"一章类似，都是表达作者对中国园林的认知，该章主要写了园林与小说、绘画、诗歌的关系。

此外，《江南园林志》第二版（1981年）还加入了童寯于1980年完成的《随园考》一文，作为附记。

以上所述各章均为文字，文字之后是该书的图录部分，包括版画（28幅）、国画（6幅）、插图（281幅）、平面图（28幅）。关于图录，作者解释道：

"自李文叔以来，记园林者，除赵之壁《平山堂图志》、李斗《扬州画舫录》等书外，多重文字而忽图画。近人间有摄影介绍，而独少研究园林之平面布置者。昔人绘图，经营位置，全重主观。谓之为园林，无宁称为山水画。抑园林妙处，亦绝非一幅平面图所能详尽。盖楼台高下，花木掩映，均有赖于透视。若掇山则虽峰峦可画，而路径盘桓，洞壑曲折，游者迷途，摹描无术，自非身临其境，不足以穷其妙矣。"①

其实明、清方志编纂中对图已经非常重视，清代著名方志学奠基人章学诚就认为，"史不立图，而形状名象，必不可旁求于文字。此耳治目治之所以不同，而图之要义所以更甚于表也。古人口耳之学，有非文字所能著者，贵其心领而神会也。至于图像之学，又非口耳之所能授者，贵其目击而道存也。"②但是由于涉及园林的传统文献大多是文人笔记，也并非专为造园而作，因此大多重文字而轻图画。

---

① 出自《江南园林志》"造园"一章。参见：童寯. 江南园林志［M］. 北京：中国建筑工业出版社，1984.
② 出自章学诚的《永清县志》。参见：章学诚. 文史通义校注［M］. 中华书局，1985.

《江南园林志》作为建筑师编写的园林著作，在图的应用上不仅包括传统的版画和国画，还纳入了近代兴起的摄影以及西方引入的测绘、制图技术。使用版画和国画，是因为作者一贯认为中国园林和山水画有很强的共通性，甚至园林本身就是一幅立体的山水画；使用平面图，是为了记录和展示园林布局，但所绘平面图，并非准确测量，因为作者认为中国园林的布局非常有弹性，从不拘泥于法式，"非必衡以绳墨也"。而使用摄影照片，则是因为作者认为园林中各要素的高低组合，"均有赖于透视"。

3．义例：注重历史沿革

《江南园林志》先从总体入手，论述造园的各个要素，如花木池鱼、屋宇、叠石等，然后从纵向梳理各个时期的园林，接着从横向介绍江苏、浙江及上海等地区的具体案例，最后以"杂识"结尾。通过这样的安排，读者可以先了解园林的相关知识，再将这种知识应用在各个园林的赏鉴中，或者说这些园林案例就是前面园林知识的具体体现。如果有兴趣读下去的话，还可以继续了解"杂识"里对园林与小说、绘画、诗歌关系的论述。

"现状"一章选取的八十余处园林是最能体现志书特点的部分，其中苏州16处、扬州6处、常熟6处、上海8处、无锡5处、南翔1处、太仓3处、嘉定2处、南京6处、昆山1处、杭州11处、南浔5处、吴兴4处、嘉兴3处、青浦1处、吴江1处、宜兴1处、嘉善1处、松江1处。苏州居于最前列，不仅因为其选取数量最多，也因为当时尚存的江南各地私家园林，"园亭之胜，应推苏州"。而在苏州，拙政园居于首位且着墨最多。一是因为拙政园有"持续纷繁的历史记载"，二是拙政园在作者眼里是最具代表性和典型性的江南园林，不仅以其为例说明"造园三境界"，还曾为它写过专题文章①。

《江南园林志》对每一个园林的写法基本一致，大多都是先述其历史沿革，其次描述现状，在描述中夹杂着作者的评价，当描述较简略时，评价部分往往省略不提。

详述者如苏州拙政园，先从唐、元、明、清各时期建设、损毁、易主的纷繁历史说起，然后写现状"坠瓦颓垣，榛蒿败叶……狐鼠穿屋，藓苔蔽路"，在现状描述中，夹杂着"布置用心，堪称观止"等评语。

简述者，作者仅述其地址和简要沿革，如苏州艺圃、遂园、耦园、可园、畅园、壶园六个园林，在一段中全部介绍完，每个园林仅有一句：

"此外尚有文衙弄艺圃，本明文氏药草园。遂园，在景德路，清康熙间慕氏所构，后归席氏，又归刘氏，现复易主重修。耦园在小断桥巷。可园与沧浪亭对门，今为省立图书馆。虎丘靖园，即李鸿章祠。城中尚有小园，以畅园、壶园为最，而私人宅第之附有园亭者，盖比比皆是矣。"②

---

① 即1937年完成的《满洲园》，参见：童寯. 童寯文集（第1卷）[M]. 童明，杨永生，主编. 北京：中国建筑工业出版社，2000.
② 出自《江南园林志》"现况"一章。参见：童寯. 江南园林志 [M]. 北京：中国建筑工业出版社，1984.

《江南园林志》园林案例分组统计（自绘）

案例			字数	内容
案例	详细案例	苏州拙政园	约580字	地址、历史沿革、现状、评价
		苏州狮子林	约380字	地址、历史沿革、现状、评价
		苏州留园	约330字	地址、历史沿革、现状、评价
	一般案例	苏州怡园	约140字	地址、历史沿革、现状、评价
		扬州何园	约130字	地址、历史沿革、现状
		无锡寄畅园	约240字	地址、历史沿革、现状
	简单案例	上海九果园	约70字	地址、简要历史
		南京煦园	约50字	地址、简要历史
		杭州漪园	约50字	地址、起源、现状

注：本表依据《江南园林志》介绍的详细程度，将园林案例分为三组（详细案例、一般案例、简单案例），每组各选三个园林，分析其字数和介绍。

4. 程序：田野考察和文献考证并重

刘敦桢为《江南园林志》第一版所做的序言（1962年）以及童寯自己写的序言中揭示了本书的编纂过程。童寯20世纪30年代初在上海工作，闲暇之余经常到邻近各地古典园林游览考察，这些园林让醉心于山水画（尤其是元代绘画）和古典文学（尤其是晚明文学）的他非常欣赏。而另一方面，这些传统园林正受到天然摧残以及现代城市发展建设造成的人为威胁，"有根本减绝之虞"，于是作者为了保护这些传统园林"不被时代狂澜卷去，发奋而为此书"。同时如前文所述，该书广泛引用了三十多种传统文献。这些文献有的是关于造园的设计类书籍，有的是记录园林的志书，还有的是描述园林的笔记、小说等。由此可见，在《江南园林志》的编纂过程中，田野考察和文献考证是作者采用的两种基本方法，这两种方式也是当时建筑史、考古学等研究领域非常流行的研究方法——二重证据法。

二重证据法是20世纪初王国维提出的以历史文献资料和新近考古发掘资料互相结合印证的古史考证方法。《殷卜辞中所见先公先王考》《殷卜辞中所见先公先王续考》等著作是这种理念的产物，在这些研究中，王国维利用新近发掘的甲骨文资料与《史记》等古籍记述相对照，在商代君王世系等考证研究方面取得了巨大成功，二重证据法也因此成为20世纪中国考古学和考据学的重大革新，并深刻影响了当时的治史观念和方法。20世纪30年代的中国营造学社是建筑史学界运用二重证据法的典型，此时学社设立了文献和法式两部，分别由刘敦桢和梁思成担任主任。文献部侧重于对古籍文献上关于古建筑及建筑技术的记载进行研究，法式部则从实物调查入手，对古建筑进行测绘、制图和分析鉴定。

童寯在准备《江南园林志》材料期间的田野考察自不必多说，他对三十多种历史文献的引用也在前文介绍过，前文也在关于其《中国建筑史》研究笔记的小节中提到，这种文献引用其实也是乐嘉藻《中国建筑史》的基本研究方法。事实上，童寯不仅大量引用历史文献，他还依照传统象形造字法，重新解析了繁体"园"（園）字。

该字在说文解字中的解释是：

"所以树果也。从口袁声。羽元切。"

童寯则按照其象形解释:

"园之布局,虽变幻无尽,而其最简单需要,实全含于'圃'字之内。今将'圃'字图解之:'口'者围墙也。'土'者形似屋宇平面,可代表亭榭。'口'字居中为池。池前为山,其旨与此正似。园之大者,积多数庭院而成,其一庭一院,又各为一'圃'一字也。"①

《江南园林志》编纂完成后的出版工作充满波折。1937年夏,《江南园林志》稿件及图片送至北京,准备由中国营造学社刊行,然而战争的爆发中断了这个计划。营造学社南迁之前将该书稿与其他材料寄存到了天津麦加利银行仓库,第二年,天津水灾,这些材料受到损害。1940年朱启钤将受损的《江南园林志》稿件归还童寯,一直到1963年才正式出版,1984年出版第二版。

5.文笔:繁体字和文言文

如前文所述,《江南园林志》的"文献举略"里列举了三十多种传统文献,既包括与园林直接相关的《园冶》《娄东园林志》《长物志》《平山堂图志》《扬州画舫录》《洛阳名园记》等,也包括《汉书》《南齐书》《魏氏春秋》等历史文献,甚至还包括了《世说新语》《金陵琐事》《浮生六记》等笔记小说、散文等。《江南园林志》一书经常大段引用这些文献,因此为了整体文本的统一,作者使用文言文进行写作,并在20世纪50年代已废除繁体字的情况下,依然坚

---

① 出自《江南园林志》"造园"一章。参见:童寯. 江南园林志 [M]. 北京:中国建筑工业出版社,1984.

持要求用繁体字排版①，其主要原因是繁体字承载的一些意义到了简体字那里就失去或发生了转变。如"造园"一章对繁体"園"字的解析，如果换成了简体的"园"，就失去了原有意义。

实际上，童寯从小就在父亲的安排下，师从桐城派文人吴闿生②学习古文，该派继承唐宋古文传统，重视义理（内容合理）、考据（材料确切）、词章（文词精美）三者的共同作用，在学习方法上，关注"神、理、气、味、格、律、声、色"八大要素。同时童寯也热爱强调"真情""性灵"的晚明文学。既然园林是文人阶层审美情趣的产物，有关园林的传统文献也是高雅的语言所作，那么一部关于传统造园艺术的书籍也应该用高雅的语言（相对于白话文）来书写。

二、《东南园墅》

《东南园墅》是一本关于江南园林的英文著作，其英文标题"Glimpses-of-Gardens-in-Eastern-China"可直译为"中国东部园林瞥观"，可见作者是将其视作一部可向世界（尤其是英语世界）简要介绍江南园林的著作。从内容上看，其后半部分如"沿革""现状"等章与《江南园林志》基本一致，但前半部分大大增加了对比、评价、论述的内容。如第一章"园林如绘画"和第二章"园林

---

① 出自《我的反动言论》，参见：童寯. 童寯文集（第4卷）[M]. 童明，杨永生，主编. 北京：中国建筑工业出版社，2006.
② 吴闿生（1877—1950），号北江，学者尊称北江先生，桐城派文人吴汝纶之子。

与文人"是《江南园林志》里没有出现过的内容，也是体现作者对江南园林认知的重要内容。事实上，这些内容有很多来源于20世纪30年代为《天下》月刊所做的那篇《中国园林——以江浙园林为例》。如在"园林如绘画"一章中，作者写道：

"在中国绘画中，某些反常习惯必须在获得任何审美的愉悦享受前达成共识，这种不合理的习俗同样也适用于中国古典园林，事实上它是三维的中国画。"①

在《中国园林——以江浙园林为例》中也有类似的句子：

"……每件景物都恰似出现在画中。一座中国园林就是一幅三维风景画，一幅写意中国画。"②

《东南园墅》的体裁与《江南园林志》基本一致。前七章总体可以看作概述，从中国园林与绘画、文人的关系，中国园林造园各要素如建筑、家具、叠石、植物的设计原则，东西方园林的比较等方面表达作者对中国园林的看法。这七章采用的是夹叙夹议的方式，比起《江南园林志》更多地表达了作者的观点。第八章"沿革"包括"历史""现状"两部分，"历史"采用编年体，"现状"采用纪事本末体，内容和体裁均与《江南园林志》一致。

《东南园墅》的义例同样与《江南园林志》基本一致，不同之处在于其分章方式。《江南园林志》第一章为总体概述，第二章为对假山的概述，最后为杂识，《东南园墅》则把这些内容再次细

---

① 出自"园林如绘画"一章。参见：童寯. 东南园墅［M］. 汪坦，译. 北京：中国建筑工业出版社，1997.

② 出自《中国园林——以江浙园林为例》，详见：童寯. 童寯文集（第1卷）［M］. 童明，杨永生，主编. 北京：中国建筑工业出版社，2000.

分，分别在前六章加以论述。由于考虑到面向的是世界读者，因此在第七章加了东西方园林比较的内容。《江南园林志》的"沿革"一章是和"现状"并列的，《东南园墅》则认识到"沿革"包含了"现状"，因此在"沿革"一章里包含了"历史"（与《江南园林志》的"沿革"匹配）与"现状"两节。

《东南园墅》以《中国园林——以江浙园林为例》为基础，于1981年成稿，1982年童寯病重住院转诊北京，随身携带着该稿件，直至1983年3月去世前两周，他在病榻上口授结尾部分，完成此书。该书的摄影、图表、补充资料及出版事宜，均由其助手宴隆余完成。中文译文则由童寯的学生、清华大学汪坦先生于1993年完成，1997年东南大学建筑系成立七十周年之际，此书由中国建筑工业出版社出版①。

这本书可以看作是童寯一生研究江南园林的缩影，尽管其中的观点绝大多数已在《江南园林志》和《中国园林——以江浙园林为例》及其他文章中发表。《东南园墅》的文风与《中国园林——以江浙园林为例》一致，均为优美细腻的散文，并使用简单明了的词汇，且处处以中西对比或东西方印证的方式叙述，以方便西方普通读者理解。

事实上，《天下》月刊的编辑林语堂曾于1935年发表的英文著作*My Country and My People*（中译本为《吾国与吾民》）就有介绍中国园林的"居室与庭园"一节。林语堂并非建筑学者，其描写充

---

① 出自《东南园墅》序言，参见：童寯. 东南园墅［M］. 汪坦，译. 北京：中国建筑工业出版社，1997.

满生活气息，尤其是其中引用了《浮生六记》两大段内容，说明一个穷书生和他聪明的妻子怎样利用有限的空间和物质材料打造美好居室，在贫愁的生活中享受点滴幸福的故事。《吾国与吾民》的文笔与《天下》月刊一致，都摒弃了过分专业化、技术化的说明，以吸引普通知识大众的关注和欣赏。

20世纪40年代在重庆的一批学者想编一册中国文化序列英文专册，包括中国建筑史（杨廷宝）、中国雕塑史（梁思成）、中国绘画史（童寯）、中国园林设计（童寯）、中国戏剧艺术（潘长山）、中国本土前卫艺术（李方魁）等，虽然最终未能成书，但从当时童寯撰写的序言来看，这册书也打算采用《天下》月刊的做法，希望能够对非专业人士来说也不过分专业化，仅仅作为一本指南来唤起外行人对中国文化的兴趣，而不罗列准确的日期和枯燥的数据。因此，《东南园墅》可以看作是20世纪30—40年代这一系列文化推广活动的延续①，或者说，一直到70年代末，这类和文化旅游业结合的通识文化推广活动才有机会再度在中国兴起。

三、《造园史纲》

《造园史纲》是一部简要介绍西亚、欧（美）洲以及中国（东

---

① 据童寯助手宴隆余先生回忆，1977—1978前后，童寯曾接见过一个欧洲代表团，那些外国人居然以为中国园林是从日本园林传过来的，这让童寯萌生了向国外普通知识群体宣传中国园林的想法，并计划与旅游部门联合，扩大中国园林在外国游客中的影响力。参见焦键对宴隆余的访谈：焦键. 关于童寯园林研究的再认识［D］. 南京：南京大学，2010.

亚）三大造园系统下各国代表性园林的纲要性著作，最后一章还分析了东西园林的差异及相互影响，这部分与《东南园墅》的"东西方园林比较"以及《中国园林——以江浙园林为例》里中西园林比较的内容基本一致。书中部分内容应该参考了1934年首次出版的陈植《造园学概论》中的相关论述。

首先是西亚和欧美园林部分。虽然童寯是按地域划分，将其分为西亚（埃及、巴比伦）、波斯、西班牙、希腊、罗马、法国、意大利、英国、欧洲大陆、美国等，将时间的变化蕴含在涉及各地域的小节中。而陈植的《西洋造园史》是按时间序列将其分为上古时代（埃及、巴比伦、波斯）、中古时代（希腊、罗马）、中世时代（西班牙、法国、意大利）、文艺复兴时代（意大利式、法兰西式、荷兰式、英国式）、近世时代（英国、法国、德国、奥地利等）、美国造园史、最近时代等，将各地域的发展变化分配在时间序列中说明。但二者的国家选取以及各个国家的案例选取有很多重叠。一般来讲，《西洋造园史》注重各时期各地区各风格的总体特征，个案列举较多，而描述相对简约；《造园史纲》列举的案例较少，描述相对全面，以通过案例展示某时期某地区某种风格的特征。

其次是日本园林部分。童寯的《日本园林》杂录笔记中明确记载了陈植《造园学概论》对日本园林的历史分期，以及各时期的代表园林[①]：

---

① 此外，童寯的《日本园林》杂录笔记中还摘录了史岩（1904—1994，江苏宜兴人，浙江美术学院教授）的《东洋美术史》（1936年）和重森三玲（1896—1975，昭和时期日本造园家和园林史家）的《日本庭院史图鉴》（1936—1939年）的部分内容。参见：童寯. 童寯文集（第4卷）[M]. 童明，杨永生，主编. 北京：中国建筑工业出版社，2006.

"日本造园史（陈植）：1. 平安朝（Heian，8c—12c）……2. 镰仓（Kamakura，12c—14c）……3. 室町（or足利，Muromachi Ashikaga，14c，1388—16c）……4. 桃山（Monoyama，1583—1603）……5. 江户（Tokugawa，1603—1867）……"。①

这部分内容同样也反映在了《造园史纲》的日本园林部分：

"日本庭园自成系统，具严谨法式，并随朝代而演变……在历史上先后出现一系列造园派别，如，平安朝（8—12世纪）皇室贵族的离宫亩播式神泉苑；镰仓时代（13世纪）佛教方丈庭；室町时代（14—15世纪）称为日庭黄金时代禅宗枯山水；桃山时代（16世纪）茶庭；江户时代（17—19世纪）因明进臣朱舜水渡日讲学而兴起的文人庭。"②

但是对于世界造园系统，二者的划分方法却大不相同。《造园学概论》的第二编"造园史"分为中国、西洋（包括西亚和欧美）、日本三部分，而《造园史纲》则分为西亚、欧美和中国三大系统。可见在陈植看来，西亚早期园林是欧美园林的起点，二者可谓同出一系；日本园林虽然早期受中国影响较深，但已发展为一个特殊体系。但在童寯看来，欧美园林虽始于西亚，却发展出独特的体系；而日本园林虽有其特色，终究还是中国园林系统的一部分。

从层次上来讲，《造园史纲》属于"述而有论"，既有大量代

---

① 摘自《日本园林》笔记，参见：童寯. 童寯文集（第4卷）[M]. 童明，杨永生，主编. 北京：中国建筑工业出版社，2006.

② 出自《造园史纲》"日本"一章。参见：童寯. 造园史纲 [M]. 北京：中国建筑工业出版社，1983.

表性园林及其他学者观点的介绍，也包含着作者的大量论述。比如在"引言"一章开头，作者就以一种朴素的方式解释了园林的起源，并引出了"世界造园系统三大系统"这个英国造园学家杰里科（G. A. Jellicoe）于1954年国际风景建筑联合会上提出来的概念。

"在气候温和、植物繁茂的地方，人们经常同山川草木接触而不觉其可贵。但如长时间烈日当空，干旱少雨，居住问题虽然解决，若缺乏水泉树荫作为调剂，就会感到除为生活必需而栽种果蔬，还需借助庭园绿化来满足心理欲望，以有助于感情安宁和观赏要求，这就促使人们通过创造性的布置、修整、培育和美化工作，把造园提高到艺术领域。西亚如波斯（伊朗）和阿拉伯大部分土地气候，就是如此，因而也就出现最早有范围的经营绿地。世界造园系统，除西亚外，还有其他两大系统，即欧洲系统和中国系统。"①

《造园史纲》和上章所述的童寯建筑史写作一样，借鉴了《比较建筑史》的体裁。全书分为十二章，共43个词条，这些词条提供了准确可靠的三大造园系统内各国（古埃及、古巴比伦、波斯、西班牙、希腊、罗马、法国、英国、美国、中国、日本）历史上代表性园林的知识。除去首尾两章外，这些词条按国家和地区分配在各章中，43个词条都添加在了目录上，非常方便读者检索。全书在知识性、系统性和检索性等方面都具有和《比较建筑史》一样

---

① 出自《造园史纲》"引言"部分。参见：童寯. 造园史纲［M］. 北京：中国建筑工业出版社，1983.

的百科全书特征。但需要注意的是，它章节内的行文并没有被这些词条割裂，而是连续统一的。这些词条名称仅以四周环绕的文本排列方式置于文本中，倒更像是作者划出来提醒读者注意的关键词。

《造园史纲》的词条中，既有对单个园林或某类园林的描述和评论，也有对造园要素如水法、叠石、绿化装饰等的描述，还有对造园家、职业组织、造园书籍的介绍，其中对单个园林或某类园林的描述和评论是该书的主体。在这类词条中，除了对园林总体布局及各个要素的描述外，往往还会提及和其他园林的对比或者对其他园林的影响。如"红堡园"（即阿尔罕布拉宫）的词条中就有与中国园林的对比分析：

"……这种扩大空间的手法，在中国园林中更是常见的。在'红堡'园内，几乎感受不到伊斯兰宗教凛然不可侵犯的气氛；尽管布局严谨，而悠闲静穆，倒与中国古典园林近似。"[1]

再比如，"英华园庭"中所述中国园林对英国的影响：

"十八世纪中叶以后，中国造园艺术遂被英国引进，趋向自然作风，形成法国所称'英华园庭'。"[2]

这样的对比更容易引起中国读者的兴趣，也方便中国读者理解外国园林。

---

[1] 出自《造园史纲》"西班牙"一章。参见：童寯. 造园史纲 [M]. 北京：中国建筑工业出版社，1983.

[2] 出自《造园史纲》"英国"一章。参见：童寯. 造园史纲 [M]. 北京：中国建筑工业出版社，1983.

第二节　史学理论视野下的童寯园林史写作

一、文人主导下的园林史进程

志属史体，志属信史，虽然童寯的园林史写作如《江南园林志》和《东南园墅》等大致秉持了"历史学就是史料学"式的客观史学观念，以各时期江南各地区代表性园林的沿革及现状为主要内容，然而沿革及现状之前的园林设计原理——构成园林的各要素如建筑、家具、叠石、植物的设计与鉴赏也非常重要，这也正是方拥、顾凯等学者将其与《园冶》相提并论的原因。由此可以认为，园林史不仅是园林本身的历史，而且也是设计与建造园林的历史。

《江南园林志》只在结尾"杂识"一章中提到了园林与小说、绘画、诗歌的关系，列举了文艺作品（如《金瓶梅》《红楼梦》等）中描绘的园林。然而在《东南园墅》及更早的《中国园林——以江浙园林为例》里，作者鲜明地指出中国园林设计建造乃至鉴赏记录的主导者是文人。

"……文人，而非园艺学家或风景建筑师，才能善于因势利导去设计一座中国古典园林。他作为一位业余爱好者，虽无盛名却具差强人意的情趣，可能完成这诗意的和浪漫的任务。"[1]

---

[1] 出自"园林与文人"一章。参见：童寯. 东南园墅［M］. 汪坦，译. 北京：中国建筑工业出版社，1997.

"……在中国造园方面，园艺师甚至'风景建筑师'地位很低。后者纯属西方产物，他关心建筑远不及关心风景。历史上诗人、学者和僧侣在中国艺术这一分科方面享受同等荣誉，重要的是好的造园家必须是一个优秀的画家。"①

因此，我们得以更进一步推论，江南园林的历史同时也是文人对园林进行构思、设计、描绘、欣赏、记录、传播的历史，集中体现了文人的审美情趣。即使是皇家苑囿也认可这种审美情趣而往往热衷于模仿文人园。正如《东南园墅》所说：

"在中国历史上，任何园林的主人都力求模仿文人园林。富绅和暴发户煞费苦心，使他们的城内别墅或郊区庄园显得有文化和雅致。倘若不是因为富有而是由于品味得到称颂，他们会受宠若惊……即使是皇帝，他虽有权势，有时也会感到急于从他的城市宫廷中逃出，以求在某处皇家园林别业内，谋求一种闲暇的乡绅生活。"②

借用列斐伏尔的空间三元辩证法，园林首先属于空间的实践，即物质空间的营造；关于园林的画作、制图等属于空间的表征，是概念化、抽象化的空间；而园林作为表征性空间则与社会权力关系联系紧密，体现在童寯的园林史写作中，便是文人（而非帝王、农民、工人、商人）对园林的主导权。这种主导权体现在园林构思、设计、描绘、欣赏、记录、传播等各个环节中。因此可以

---

① 出自《中国园林——以江浙园林为例》。详见：童寯. 童寯文集（第1卷）［M］. 童明，杨永生，主编. 北京：中国建筑工业出版社，2000.
② 出自"园林与文人"一章。参见：童寯. 东南园墅［M］. 汪坦，译. 北京：中国建筑工业出版社，1997.

说，童寯的园林研究不仅针对园林本身及其抽象化表达，同时也涉及了"人"，并且认可了"人"（文人）在造园中的主体地位。这在20世纪30年代乐嘉藻的《中国建筑史》（1933年）、陈植的《造园学概论》（1934年）以及日本学者冈大路的《中国宫苑园林史考》（1938年）等涉及中国园林的著作里均没有明确态度。

完成于20世纪60年代的《苏州古典园林》（1979年出版）也关注到了作为表征性空间的园林。受马克思主义影响，刘敦桢在绪论中关照了与造园相关的经济条件与自然环境等因素，进而指出园林是发达封建经济和优越自然条件下的产物，为满足封建统治阶级的享乐而建，体现了统治阶级对劳动人民的残酷压榨。

"在封建社会里，园林的兴建反映着统治阶级对劳动人民的残酷压榨。历史上造园之风总是以贵族豪门和官僚、地主、富商集中的都城和陪都最为兴盛，其次是经济发达地区或通商要道的某些城市……从园林的发展过程来看，当统治阶级政治极度腐败，生活糜烂，强化对劳动人民压榨和掠夺的时候，造园活动往往比较频繁……"①

官僚地主阶级的文人在园林中追求的清高和风雅在他看来不过是腐朽生活和空虚精神的遮羞布。

"其实，过去官僚地主在园林中渲染的'清高'和'高雅'，只不过是一种虚伪的装饰，它背后掩盖着的则是腐朽的生活享乐和空虚的精神寄托。"②

---

① 出自《苏州古典园林》"绪论"部分。参见：刘敦桢. 苏州古典园林 [M]. 北京：中国建筑工业出版社，1979.
② 同①。

在强调无产阶级专政的年代，刘刻意淡化文人的影响，转而推崇那些无名的造园工匠们：

"在封建社会里，只有农民和手工业工人是创造社会财富和创造文化的基本阶级。古代造园匠工在长期的实践中，薪火相授，积累了丰富的经验，提高了技术，创造了我国优秀的园林艺术。"①

无名的造园工匠们技艺精湛、经验丰富，然而其姓名和事迹却无记载。他们作为一个抽象的集体，他们的思想似乎难以追究，然而作为其劳动产品的园林却实实在在保留了下来，因此刘更注重寻求"古为今用""推陈出新"，将注意力放在作为物质空间实践的园林和空间表征的园林上，专注于园林调查、测绘、制图、图解等工作。

二、诗、画、园统一的园林认知

在《东南园墅》中，童寯指出，中国园林是文人营造的一个梦幻世界，文人在园林中的主导作用集中体现在中国园林与绘画、文学的紧密联系上。

"如果游人走访一座中国园林，入门后徘徊未远，必先事停留（踌躇是明智的，因为他正从事的有如一次探险），通过超越空间和体量的一瞥，将全景变成一个无景深的平面，他会十分兴奋地认

---

① 出自《苏州古典园林》"绪论"部分。参见：刘敦桢. 苏州古典园林［M］. 北京：中国建筑工业出版社，1979.

识到园林竟如此酷似于绘画……"①

中国园林是由茅屋、曲径与垂柳等图像构成的一幅三维立体的中国画，这种相似性不仅体现在题材上，也体现在其布局模式上。造园与绘画同理，讲究经营位置、疏密对比、高下参差、曲折尽致。

中国园林与诗文的联系，集中体现于园林中的匾额、楹联、碑文等，这些文学创作可以在游人身上激发出一种包含视觉欣悦与哲学隐喻的情思。

"中国园林的一个独有特征是它同文学的联系。如果缺少铭刻着著名诗人和文人所作、所书的匾额和楹联，那末园林中的建筑则不能称为完美。这些题铭需要兼具精彩的词章和书法，并常见于厅堂、亭榭或门道上。建筑物总是以一个单独的和恰当的名称或题目命名。"②

这些文学创作不仅是为了显示主人的学识或表达主人的寄托，其更大的作用在于通过文学性的配置提示或加强游人的某些园林体验。而像扬州何园、常熟燕园这样没有诗文点缀的园林，游者则会"顿觉有所失"。此外，园林中的一石一木都通过文人的移情作用具有了某种人格，如石头代表沉默是金，松、竹、梅是"岁寒三友"。

除此之外，童寯对中国园林的评价标准也体现出诗、画、园

① 出自"园林如绘画"一章。参见：童寯. 东南园墅 [M]. 汪坦，译. 北京：中国建筑工业出版社，1997.
② 出自"园林与文人"一章。参见：童寯. 东南园墅 [M]. 汪坦，译. 北京：中国建筑工业出版社，1997.

的统一，比如其"为园三境界"①之说。"盖为园有三境界，评定其难易高下，亦以此次第焉。第一，疏密得宜；其次，曲折尽致；第三，眼前有景"，这三条原则均来自传统文人诗论、画论。根据周宏俊的统计，"疏密得宜"在陶樑（清）的《红豆树馆书画记》、江顺诒（清）的《词学集成》、谢肇淛（明）的《五杂俎》、赵宧光（明）的《寒山帚谈》中均有提及，分别用于绘画、词学、书法等领域的美学讨论。"曲折尽致"出现于宋琬（清）的诗论中，"眼前有景"出现于王士禛（清）的诗论《带经堂诗话》中②。

在用"为园三境界"评价苏州拙政园的过程中，童寯也引用了文论、诗论、画论的文字。拙政园周围及入口处的回廊曲桥是"密"，远香堂北部的山池为"疏"，二者相得益彰，疏中有密，密中有疏，符合第一境界的"疏密得宜"，"疏中有密，密中有疏"和"疏密得宜"一样，是传统书论、画论的常见表达。园中各要素的布置避开排偶，寻求活变，追求曲折，这是对第二境界"曲折尽致"的体现。在前两境界的基础上，就容易制造出"眼前有景"的第三境界，童寯引用陆游（宋）《游山西村》里的"山重水复疑无路，柳暗花明又一村"、苏轼（宋）《题西林壁》的"横看成岭侧

---

① 境界一词来源于佛教，本义是人的感官对事物的感知，如六根（眼、耳、鼻、舌、身、意）所对应的六境（色、声、香、味、触、法），后泛指思想、艺术等所达到的层次。"三境界"并非童寯独创，宋代禅宗就有"修禅三境界"之说（第一境界：落叶满空山，何处寻芳迹；第二境界：空山无人，水流花开；第三境界：万古长空，一朝风月），近代王国维也有"为学三境界"之说（第一境界：昨夜西风凋碧树，独上高楼，望尽天涯路；第二境界：衣带渐宽终不悔，为伊消得人憔悴；第三境界：众里寻他千百度，蓦然回首，那人却在，灯火阑珊处）。

② 引自周宏俊的统计结果。参见：周宏俊. 试析《江南园林志》之造园三境界［J］. 时代建筑，2016（5）：67-71.

238

成峰"、岑参（唐）《白雪歌送武判官归京》的"山回路转"，以及常建（唐）《题破山寺后禅院》的"曲径通幽"来说明拙政园通过疏密配置和曲折形态制造出多变丰富的景，让人在游园过程中应接不暇，进入"眼前有景"的第三境界。最后他总结道，"斯园亭榭安排，于疏密、曲折、对景三者，由一境界入另一境界，可望可即，斜正参差，升堂入室，逐渐提高，左顾右盼，含蓄不尽。其经营位置，引人入胜，可谓无毫发遗憾者矣"，给予拙政园极高的评价。这里的"可望可即"和"经营位置"分别来自杰出画家、绘画理论家郭熙（宋）和谢赫（南朝梁）的画论——《林泉高致》和《画品》①。

事实上，这种诗、画、园统一的认知由来已久。关于诗文与造园的关系，《江南园林志》引用了清代钱泳的《履园丛话》，"造园如作诗文，必使曲折有法，前后呼应，最忌堆砌，最忌错杂，方称佳构"。而画意成为造园的目标，在明代已经广受认同，该时期关于绘画与造园的论述汗牛充栋。根据顾凯的研究，庄昶的"画意公如盛子昭"、文徵明的"经营位置，因见其才"都表达了绘画理论对造园的影响，而董其昌的"盖公之园可画，而余家之画可园"则是"画园相通"理念确立的标志，茅元仪的"园者，画之见诸行事也"进一步确认了这种理念，一直到《园冶》里的"宛若画意""楼台入画""境仿瀛壶，天然图画""顿开尘外想，拟入画中行""深意画图，余情丘壑"和《长物志》里的"草木不可繁杂，

① 引自周宏俊的统计结果。参见：周宏俊. 试析《江南园林志》之造园三境界［J］. 时代建筑，2016（5）：67-71.

随处植之，取其四时不断，皆入画图""最广处可置水阁，必如图画中者佳""堂榭房室，各有所宜，图书鼎彝，安设得所，方如图画"，画意成为造园效果的重要要求①。综上所述，童寯不仅指出中国园林与传统文学、山水画三者之间有密不可分的关系，而且自觉地将自己对园林的评价标准置于这种文化语境中，体现出诗、画、园统一的园林认知。

虽然刘敦桢与童寯一样，在中国传统文化方面也有极高的造诣，他也认识到了苏州园林里的"诗情画意"，但正如上节研究所揭示的那样，他刻意淡化了文人在园林里的作用，进而将这种"诗情画意"当作官僚地主和文人画家的阶级情调，同样予以淡化处理，转而寻求一种更加现代客观的分析视角。空间组织及其经由"视点—路线"所带来的连续动态的观赏体验成为他认识园林的重要观点②。

在刘的叙述中，苏州园林在布局上，通过景区划分和各景区内空间的大小、开合、高低、明暗等组合变化制造出风景的层次与深度，其中墙、廊、屋宇、假山、树木、桥梁等均可以成为这种空间划分与组织的手段。

"为了在有限的面积内构成富于变化的风景，苏州古典园林在布局上，采取划分景区和空间的办法。规模较大的园林都把全园划

---

① 引自顾凯的相关研究结论。参见：顾凯. 画意原则的确立与晚明造园的转折 [J]. 建筑学报，2010（S1）：127-129.

② 根据鲁安东、顾凯等的研究，刘敦桢的这种观点在《苏州古典园林》成书前已形成。空间组织出现于1957年的《苏州的园林》，"视点—路线"出现于1963年潘谷西在刘的著作启发下所撰写的《苏州园林的布局问题》。

分为若干区，各区都有风景主题和特色，这是我国古典园林创造丰富园景和扩大空间感的基本手法之一……"①

"为了适应厅堂楼馆的不同要求和各景区的不同景物，园内空间处理也有大小、开合、高低、明暗等变化。一般说，在进入一个较大的景区前，有曲折、狭窄、晦暗的小空间作为过渡，以收敛人们的视觉和尺度感，然后转到较大的空间，可使人觉得豁然开朗。"②

在游园体验方面，和童一样，刘也注意到了连续的景在眼前不断展现的现象（即童寯的"眼前有景"），他将这种体验同样归功于空间组织，并进一步细化为通过观赏点的布置和观赏路线的组织让景在人行进过程中逐步展开的过程。

"园中景物，需要有一条或几条恰当的路线把它们联系起来，才能发挥应有的效果，否则园景虽好，也难于被人充分领受。因此只有在布局中处理好观赏点和观赏路线的关系，才能使人们游览时，犹如看到连续的画卷不断展现在眼前。"③

由此，来自布扎的组合原理和现代主义的"时间—空间"观念在刘的园林研究中实现了同步整合。在介绍具体园林时，刘敦桢也坚持了这样的认知方式。

同样以拙政园中部景区为例，中部景区的水面既有远香堂北部的大片聚合，又有小沧浪一带的曲折分散，水面之间既分隔变化，又互相贯通联系。整个景区通过山池、树木、房屋（而非封闭

---

① 出自《苏州古典园林》"布局"部分。参见：刘敦桢. 苏州古典园林 [M]. 北京：中国建筑工业出版社，1979.

② 同①。

③ 同①。

的围墙）等要素的划分，造就了处处沟通、相互穿插的空间层次。水面北岸的自然风光和南岸的台馆林立形成明显对比^①。

再以他对留园的分析为例，"无论从鹤所入园，经五峰仙馆一区，至清风池馆、曲溪楼到达中部山池，或从园门进入，经曲溪楼、五峰仙馆进入东园，空间大小、明暗、开合、高低参差对比，形成有节奏的空间联系，衬托出各庭院的特色，使园景富于变化和层次。"^②

三、文化交流背景下的园林史写作

童寯的三本园林史著作都涉及东西方园林对比，尤其体现在《东南园墅》和《造园史纲》里，前者是写给西方读者的英文著作，因此书中处处以西方园林和中国园林做比，以期西方读者能相对容易理解；后者则是写给中国读者的介绍西亚、欧（美）洲、中国（东亚）三大造园系统下各国代表性园林的著作，因此书中经常以中国园林比对外国园林，以便中国读者理解。《东南园墅》里以法国凡尔赛宫的宏伟对比中国皇家园林的静穆，以欧洲园墅大门的豪华对比中国园林的朴实无华，以波波利花园远眺布鲁内列斯基的穹顶和从美第奇别墅平台上的喷泉后欣赏圣彼得大教堂来说明中国园林的借景手法，以艾斯特别墅（Villa de Este）的地面镶嵌解释

---

① 引自《苏州古典园林》"拙政园"部分。参见：刘敦桢. 苏州古典园林［M］. 北京：中国建筑工业出版社，1979.

② 引自《苏州古典园林》"留园"部分。参见：刘敦桢. 苏州古典园林［M］. 北京：中国建筑工业出版社，1979.

中国园林里的冰裂纹图案，以欧洲园林人工修剪的植物对比中国园林中没有人工痕迹的花木。与此同时，书中还引用了西方学者如威廉·申斯通（William Shenston）、勒内·德·吉拉尔丹（Renie de Giradine）、亚历山大·蒲柏（Alexander Pope）、托马斯·惠特利（Thomas Whately）、罗伯特·福琼（Robert Fortune）、塞缪尔·约翰逊（Samuel Johnson）、威廉·钱伯斯（William Chambers）、奥斯瓦尔德·喜仁龙、塔尔伯特·哈姆林（Talbot Hamlin）等关于中国园林艺术的观点。

《造园史纲》中最重要的东西方比较出现在两处，一处是"英国""欧洲大陆"两章中对如画式风景园林与中国园林亲缘关系的论述，另外一处反映在"东西互映"一章中。作者虽然指出如画式风景园林是引进中国园林的结果，但同时也指出这种自然作风本来就与欧洲绘画和英国文学互相感应联系，并非只是照搬中国园林。

这反映了童寯的世界主义倾向，不仅关注自己原本的文化，而且能够平等地欣赏和品味其他文化的优点，"一方面能够吸收输入外来之学说，另一方面不忘本来民族之地位"[①]。相比之下，刘敦桢的《苏州古典园林》除了开篇提及中国园林对日本及英国园林的影响以证明中国园林艺术体系在世界园林史上的独特地位外，并未过多提及外国园林及外国学者的研究，尽管他的园林研究移植了来自西方的组合概念和"时间—空间"。这一方面或许是因为当时的政治气候不容许大张旗鼓地介绍西方理论，另一方面也体现出他对

---

① 出自陈寅恪《中国哲学史审查报告》，参见：冯友兰. 中国哲学史［M］. 北京：生活·读书·新知 三联书店，2009.

这些理论普适性的认可。在他看来，这些理论虽然来自西方，但它们是中性的、现代的，完全可以通用于中国园林。

《江南园林志》最能体现文化交流对其研究方法影响的是其图录部分，在该部分，作者综合应用了传统版画、国画、照片及平面图。

中国传统绘画，尤其是文人画，从来不是对某个空间的真实记录，而是追求一种"画意"，以引发观者的想象和思考，进而可以身临其境，获取某种独特感受。同时文人画上往往又有题诗，这种诗画并置进一步加深了文人画的内涵，由此画作成为文本，不仅需要"看"，而且需要"读"。观者需要缜密地观察冥想，在顿悟中体验画作传达的隐忍、暗示和思辨①。

以文徵明《拙政园三十一景图》中"若墅堂"和"意远台"两景为例。在"若墅堂"一景中，文人和僮仆正在行走，其背后为开敞小屋，四周植树，有山林之趣，画面最上方是城墙，暗示此地位于城市之中。结合文徵明的题诗"会心何必在郊坰，近圃分明见远情。流水断桥春草色，槿篱茅屋午鸡声。绝怜人境无车马，信有山林在市城。不负昔贤高隐地，手携书卷课童耕"，可以判断画中描绘的是春季某天午时，在鸡的打鸣声中，文人带着僮仆，从此处的槿篱茅屋，将要穿过流水断桥去另外一处地点读书。

"意远台"一景中，文人站在突出于水面的高台上，面对浩渺的水面，僮仆在其身后，远景是对岸的山。结合文徵明的题诗"闲登万里台，旷然心目清。木落秋更远，长江天际明。白云渡水去，

---

① 引自冯炜的相关研究结论。参见：冯炜. 透视前后的空间体验与建构［M］. 南京：东南大学出版社，2009.

日暮山纵横",可以判断画中描绘的是秋季日落时分,文人携僮仆登上高台,秋季树叶已经落光,正好可以远眺长江对岸的山。以上是对这两处场景的初步解释。如果了解魏晋以来文人追求自然山水的隐遁文化和该园主人王献臣官场失意退隐家乡苏州建此园林的事迹,就会对这两幅画有更深层次的参悟。事实上,王献臣正是文徵明的朋友及赞助人,这些画的最初观赏者也应该是王献臣,他在观读绘画和题诗时,会把自己带入画面,想象自己就是画中的文人,在自己营造的园林中可以发生上述行为,并产生种种感想。

在"若墅堂"和"意远台"两景中,如果说前者在建筑形态、植物配置等方面还有写实的成分存在,后者则完全存在于想象之中。拙政园中无论如何都不可能容纳这么巨大的高台和辽阔的水面。因此,虽然通过园林、文学、绘画三者的紧密联系和彼此对照,可以实现多样化的深层次体验,但是传统绘画却不能(或不追求)准确而客观地表现园林。也正是如此,来源于西方的建筑制图以及近代发明的摄影术被作者引入进来。

《江南园林志》里的平面图是西方文艺复兴以来逐渐确立的规范化建筑制图方式的产物。西方中世纪工匠绘制的图纸(立面和窗户式样为主)主要用来推敲细部和解决实际建造问题,而不是记录设计方案。表达设计的图可以追溯至16世纪乔治·瓦萨里(Giorgio Vasari,1511—1574)创办的佛罗伦萨设计艺术学院(the Florentine Accademia del Disegno),该设计艺术学院通过制图对学员进行训练,培养出了区别于中世纪工匠的精通视觉艺术的建筑师。从此建筑不再是无名工匠知识积累的产物,而是以图纸为媒介的建筑师的艺术创造。19世纪,巴黎美院奉行的教学体系是一种设计几何学,它强调通过平面、立面和剖面等抽象的图来理解建筑的几何属性。平面、立面和剖面是对建筑各个方向投影的理性而精确的表达，并且和建造有密切的关联，如平面图适用于定位放样，立面图适用于处理外墙式样，剖面图可显示连接关系[①]。

　　与平面、立面和剖面相结合的是透视图，透视图是三维世界在二维媒介上的投影，文艺复兴艺术家发明了小孔成像装置，并将其作为眼睛的延伸，用于实际绘画中。笛卡儿通过他著名的牛眼实验，将视觉与小孔成像原理联系起来，认为视网膜成像和小孔成像的原理是一致的。从15世纪到印象派之前，透视法一直在西方绘画艺术里占据主导地位，而在建筑界，这种影响更加持久。布鲁乃列斯基、阿尔伯蒂、达·芬奇等都对透视学做出过重要贡献，并对之推崇有加，直至今天透视图依然是建筑表现的最常见形式。欧文·潘诺夫斯基（Erwin Panofsky）认为透视法将人的视觉看作是静止的单眼观看，用数学手段解释视网膜的成像规律，将生理和心理的空间转化为一种数学空间。因此，透视学暗示了一个绝对的、匀质的、固定的、不受外界影响的空间，是一个经过理性建构的空间[②]。如果说透视学为建筑师提供了一种在二维媒介上模拟三维空间的方法，那么照相机便是能快捷实现这种机械模拟的装置。照相机同样是利用了小孔成像原理——镜头是安装了凸透镜的小孔，景物通过镜头进入暗室，所成的像被显影剂留在胶片上。

---

① 引自冯炜的相关研究结论。参见：冯炜. 透视前后的空间体验与建构 [M]. 南京：东南大学出版社，2009.

② 出自欧文·潘诺夫斯基《作为象征形式的透视法》(*Perspective as Symbolic Form*)，参见：冯炜. 透视前后的空间体验与建构 [M]. 南京：东南大学出版社，2009.

《江南园林志》使用的照片数量最多，达281幅，通过这些照片，园林里的"楼台高下、花木掩映"得以清晰准确地再现；测绘的28张步测平面图，可以较准确地反映园林的布局。尽管童寯认为"昔人绘图，经营位置，全重主观，谓之为园林，无宁称为山水画"，然而基于透视（小孔成像）原理的照片和现代建筑制图还是在"图录"中占了绝对多数。可以说，正是基于中西方的平等对话，意识到传统中国绘画与西方制图各自的优势与不足，童寯才能自如地综合运用这些不同类别的配图。而在刘敦桢那里，中国绘画与西方制图的区别更多是古今之变。在《苏州古典园林》一书中，总论部分只有照片、地图和三视图，实例里虽然有部分传统绘画，但也只是用来研究园林中某处布局的历史沿革，而非用于主观的意境赏析。照片、基于透视的鸟瞰图以及三视图占了该书配图的绝对多数。显然刘敦桢更偏向用现代眼光来看传统园林，这种古今对接的阐释方式，可以随着新理论、新方法的出现一直延续下去[1]，并为设计实践提供方向。

四、有所不为的园林实践取向

虽然童寯的园林史写作处处表现出他对江南园林的欣赏和赞叹，然而正如赖德霖所言，他并非关注传统园林与当下设计的关系，事实上，除了自宅里极度简化的小花园外，他并未参与修缮、

---

[1] 事实上，目前就有用透明性理论研究中国园林的著作，以及把园林和电影建筑学接轨的研究、教学和设计实践。

复建、新建任何园林，这与后来的研究者如刘敦桢、陈从周等截然不同。由于不直接指向设计实践，他简略的园林测绘与刘敦桢领导下精准缜密的工作对比鲜明①。

在刘敦桢20世纪50年代的苏州园林测绘及南京工学院之后持续的江南园林测绘中，由于带有"古为今用、推陈出新"的强烈实践指向，所以一砖一瓦的测绘都非常精确，大量测绘图、轴测图、透视图、分析图，以及各个季节各种天气各个角度的照片为进一步的研究与实践打下了基础。他的南京瞻园重修工程便是这种研究转化为实践的经典案例，重修工程并未单纯遵循文物修缮规则，而是大胆推陈出新，如开辟独立园门、创建入口重院景区；修建静妙堂南景区；整治静妙堂北景区；改建瞻园东侧直廊为曲廊，新增水廊、爬山廊及跌落廊；大胆尝试用草坪；重新堆叠南假山；并对室内家具及展陈给出建议等②。

跟随刘学习园林的陈从周，尽管是文学专业出身，也在浙江、上海、江苏、云南等地修缮、修建了大量园林，甚至把网师园殿春簃移植到了纽约大都会博物馆。而童寯则认为园林生命的再生与精神的激发无法靠精湛的砖瓦复制完成，因此他不认同纽约大都会博物馆中移植网师园殿春簃的做法③。

---

① 然而，童寯对江南园林的考察、研究、赏析，让人们领略到了园林的历史价值和美学价值，间接地为后来的园林保护修缮做出了贡献。这种研究和保护之间的关系，大约与英国如画美学（让英国人学会欣赏废墟）和建筑遗产保护的关系类似。

② 引自叶菊华对刘敦桢修缮瞻园的记录。参见：叶菊华. 刘敦桢·瞻园［M］. 南京：东南大学出版社，2013.

③ 出自童寯助手宴隆余的回忆，参见：焦键. 关于童寯园林研究的再认识［D］. 南京：南京大学，2010.

248

童和刘的园林研究很像心学与理学的差别，尽管二者均发源于儒家，程朱理学将理看作世界的本原，通过深刻探究万物（即格物），并以天理作为行为规范，才能真正得到理（即致知）；而陆王心学大量吸收了禅宗思想，将心看作世界的本原，认为宇宙便是吾心，心即是理，因此理就在心中，不需要向外界求得，而是要通过内省自修，恢复良知，知行合一。根据方闻的研究，五代及北宋时期出现的以探究自然地貌为特征的雄伟风格山水画是理学教义的体现，代表人物有荆浩、范宽、关仝等，而南宋及元、明流行的以表达个人独特风格的抒情化山水画则是心学教义的典范，代表人物有赵孟頫、倪瓒、沈周、文徵明等①。

回到童、刘两位学者的园林研究，刘敦桢是一位严肃的学者，他将园林作为客观对象，无论其园林测绘还是写作，均采用严谨的体系、科学实证的方法，引入现代主义的空间视角对园林进行重新解读、科学转化，并追求其实践上的现实意义。在《苏州古典园林中》，他乐观地总结道：

"今天，苏州古典园林不论对保存文物和供劳动人民休息游览，或是总结过去有益的经验，发展我国园林艺术的优秀传统，都是很有价值的。……这（即解放以来造园工作中对传统园林的借鉴）说明批判地吸取古典园林中有益的东西为社会主义园林建设服务，不仅是可能的，而且是必要的。……今天，我国的社会主义园林在性质上和内容上已与过去根本不同，形式上也有了崭新的面

---

① 引自方闻的相关研究结论。参见：方闻. 心印：中国书画风格与结构分析研究［M］. 李维琨，译. 西安：陕西人民美术出版社，2004.

249

貌，只要我们遵照'古为今用''推陈出新'的方针，正确处理好继承与创新的关系，将一定能使祖国的园林建设得更加丰富多彩。"[①]

童寯喜欢元代绘画和晚明文学，他研究中国园林是为了弘扬文化而非现实创作，园林不只是研究客体，更是他安顿自身情怀之所在。在他看来，江南园林的情趣远比造园技巧来得重要。而造园，乃至整个中国文化的道统都已几乎断裂，园林虽然是他内心最可爱的故乡，然而"可爱者不可信"[②]，童寯一直向往的现代性即意味着和传统的决裂，他对中国未来造园的期待也是如此，他认为"吾国今日再建园林，当然不应复古，其中建筑物亦不致依旧式兴造"[③]。

第三节　对比与影响

在童寯之前，1933年出版的乐嘉藻《中国建筑史》里就有"苑囿园林""庭园建筑"等内容，前者主要论述皇家园林，简要

---

① 出自《苏州古典园林》"绪论"部分。参见：刘敦桢. 苏州古典园林［M］. 北京：中国建筑工业出版社，1979.

② 见王国维《三十自序》，"哲学上之说，大都可爱者不可信，可信者不可爱。余知真理，而余又爱其谬误。伟大之形而上学，高严之伦理学，与纯粹之美学，此吾人所酷嗜也。然求其可信者，则宁在知识论上之实证论，伦理学上之快乐论，与美学上之经验论。知其可信而不能爱，觉其可爱而不能信，此近二三年中最大之烦闷……"

③ 出自《亭》（1964年）。参见：童寯. 童寯文集（第1卷）［M］. 童明，杨永生，主编. 北京：中国建筑工业出版社，2000.

叙述了从周到清的皇家园林发展史，后者主要论述民间庭园。乐嘉藻按照面积大小及要素繁简将庭园分为庭、庭园、园（纯粹的园）、园林（扩大的园）、别业、别庄六类，并得出城内之园以人力接近天然，城外之园则善于利用天然的结论。庭园中的物质要素被分为花木、水泉、石、器具、建筑物、山及道路六种，该章详细叙述了每种要素的设计原理。1934年出版的陈植《造园学概论》"造园史"一篇中分三章以时间顺序分别介绍了中国造园史、西洋造园史、日本造园史，其余篇章如"总论""造园各论""结论"等则几乎完全是现代风景园林学科的内容。《天下》月刊编辑林语堂于1935年出版的《吾国与吾民》里也有介绍中国园林的内容。此外还有日本学者如后藤朝太郎、冈大路等关于中国园林的著作。

童寯应该对这些著作有一定的了解和参考。如《江南园林志》在文献引用上很可能参考了乐嘉藻《中国建筑史》和陈植的《造园学概论》，而《浮生六记》是《江南园林志》参考文献里唯一一部自传体散文，这应与《吾国与吾民》的影响有关，同时林语堂还影响了以《中国园林——以江浙园林为例》为基础的《东南园墅》的文笔。《造园史纲》所列举的西亚、欧美，尤其是日本造园的历史分期和园林案例较多参考了陈植的《造园学概论》。

在中国早期的园林学者中，陈植一直推动造园学成为一门独立的学科，刘敦桢则致力于在建筑学科内研究中国园林的造园手法。他于1963年完成的《苏州古典园林》基于南京工学院对苏州园林的精确测绘，尝试用现代建筑理论来解释苏州园林造园手法，这种方式在南京工学院持续了很多年①，并在建筑学科内影响深远。1986年彭一刚的《中国古典园林分析》是这种影响的集中体现，该书进一步明确地用现代建筑的空间理论对中国古代造园艺术做了深入详尽的分析。但正如鲁安东所言，将"游"诠释为"运动"，将"景"诠释为"观"，将"处"诠释为"空间"——这种文化翻译的危险在于容易忽视某些细微的中国园林经验特征②。童寯的工作更多是以传统文人的眼光来欣赏江南园林，而非建立其与设计实践的关联，这种取向同样体现在1985年陈从周的《说园》中，该书同样以传统文人的审美情趣来探讨园林美学，频繁引用传统诗词画论，提出静观、动观、画意、入画、仰观、俯观、借景、寻景、引景等造园、赏园概念。值得注意的是，该书使用了著名园林摄影家陈建行的精美照片，并为这些照片配上了诗词说明。如冯仕达所指出的，来自现代摄影术的照片的意义随着将它们和宋词并置的创造性行为而有所变化。宋词让读者重新反思照片的真实性，促使他们反复观看并引入自己的想象③（如同中国画和诗词并置的那样）。

---

① 南京工学院（东南大学）在《苏州古典园林》之后的测绘研究成果有刘先觉、潘谷西编写的《江南园林图录》等。
② 引自鲁安东的相关研究结论。参见：卡森斯，陈薇. 建筑研究（01）[M]. 北京：中国建筑工业出版社，2011.
③ "宋词与照片的并列唤起了观者的注意，引起了偶然的发现，也建立起了宋词所描绘的场景与摄影场景之间的类比，以隐喻引领我们从一个场景转向另一个。多次图文并置所累加起来的力量，让读者意会到在陈教授的园林体验当中有一种模糊而丰富的感性理解。"参见：冯仕达. 中国园林史的期待与指归[J]. 建筑遗产，2017（2）：39-47.

童、刘园林史研究简要对比

领域	方面	童寯	刘敦桢
历史编纂	层次	"述""作""论"平衡	更强调"作"
	体裁	接近传统方志	现代说明文
	义例	以欣赏为主	以分析为主
	程序	个人作业	集体合作
	文笔	讲究文学性	客观朴实
历史理论	本体论	强调文人的主导地位	推崇作为抽象集体的无名工匠
	认识论	诗、画、园三位一体	空间组织及"视点—路线"的园林认知视角
	方法论	中西的平等交流	古今的恰当对接
	实践观	有所不为	推陈出新

前文主要谈了童与刘之间的差异，但二人并非截然对立，事实上，他们在园林研究中惺惺相惜。如前文所述，刘曾为《江南园林志》作序，并在该书的出版过程中功不可没；童也曾去苏州园林和南京瞻园现场了解过刘的工作，并和杨廷宝一起为《苏州古典园林》作序。同样地，童并不完全排斥刘的研究方法。以园林中的亭子为例说明，早在20世纪30年代，童的《江南园林志》就对亭子采用了类型学分类。但在后来的近三十年中，他并未对此进行深入研究，直至在1964年的《亭》一文中，他才进一步深化了这一工作，将亭子按结构、位置、平面、功能分类进行归纳叙述，并配有分析图说明。在结构上，"亭基本形体，按营造法式，为四柱攒尖"；在位置上，"山巅田侧，路旁水心，随意安排"；在平面上，"造无定式，有独木、三角、四方、五角、梅花、六角、八角、半亭、圆

形、扇面、套方、套圆、十字、方胜各种"；在功能上，"则分碑亭、舣舟亭、井亭、风景亭等"。

实际上，《亭》一文的写作就是受刘团队里郭湖生相关文章启发而作①，郭的这部分工作同样体现在《苏州古典园林》中的小节"亭"中，该小节按照位置、平面、立面以及构造对亭子进行了分类叙述。在位置上，亭"可设于山上、林中、路旁、水际"；在平面上，"有方、长方、六角、八角、圆形、梅花、海棠、扇形等类"；在立面上，"有单檐、重檐之分，以单檐居多"；在构造上，"随平面、立面而定（有四柱、十二柱、六柱、八柱等）"。

此外，就园林研究与建筑实践的关系而言，已有研究表明，林语堂的园林话语深刻影响了台湾及海外华人建筑师如王大闳、贝聿铭等人的设计实践②。在笔者看来，以童寯、刘敦桢、陈从周等为代表的园林话语则深刻影响了他们在中国大陆的后辈建筑师如王澍等人的建筑实践。根据王澍在多处文章中的自述③，他对中国园林的兴趣来自对《江南园林志》和《东南园墅》的阅读，其早期自宅装修便是受《东南园墅》启发，《东南园墅》中"中国园林是文人梦幻仙境的表现和臆造的小世界"的定位和"没有花卉树木，依

---

① 《亭》开篇就说明了这篇文章的写作动机，"一九五九年夏建筑学报载有郭湖生同志《园林的亭子》一文，近予深考，觉有未尽……"详见童寯. 童寯文集（第1卷）[M]. 童明，杨永生，主编. 北京：中国建筑工业出版社，2000.

② 引自赖德霖的相关研究结论。参见：赖德霖. 中国园林话语与两岸当代建筑设计[J]. 台湾建筑学会会刊杂志，2015（4）：36-41.

③ 这些叙述包括《设计的开始》、《东南园墅》新译序等。详见：王澍. 设计的开始[M]. 北京：中国建筑工业出版社，2002. 以及：王澍. 只有情趣：为《东南园墅》新译序[J]. 时代建筑，2018（4）：54-55.

然可以成为一个园林"的判断为他在两室一厅内造园提供了理论基础。童寯对园林和山水画关系的论述，以及对园林语言中大小并存的矛盾尺度的阐述，同样为王澍建筑中的"画意"提供了重要依据。

结语

设计、思想与观念

第一节 各类型写作文本概括

行文至此，或许读者依然很想知道童寯到底是个怎样的人。以往的研究文章、回忆纪念和人物访谈，似乎表明他是一个严肃古板中带有几分冷幽默的人、一个高度自律且品行高尚的人、一个追求个人主义却无奈卷入时代洪流的人，在这些总结中，本书更愿意用复杂来形容他。

事实上，复杂是"五四"一代中国知识分子的共性。既然是复杂的，那就有多重层面和多重方向，而不是单纯融贯的，这也是难以通过某几件生平事迹就能解读个人学术思想的原因所在。事实上，"五四"的思想世界由很多变动的心灵社群构成，这些知识分子的想法经常发生剧烈变动且常常自我冲突，也许上午还是西化派，下午就变成了传统文化拥护者，晚上又变成了怀疑主义者。

然而，不论如何复杂，作为20世纪中国著名建筑师、建筑教育家及建筑史学家，童寯在中国建筑界的历史地位早已定格。无论是今天东南大学建筑学院门厅的"建筑三杰"（杨廷宝、刘敦桢、童寯）浮雕，还是散布在各建筑院校及设计单位的他的高足们，抑或关于他的各种纪念活动、研讨会、出版物，都在宣示并强化他的地位，本书的写作无意加强或削弱这种历史定位。

因此，虽然本书涉及童寯部分生平事迹，但并非意在以生平事迹解释其建筑思想和实践观点中的复杂性，而是关注在发生这些事迹时，同业人员乃至其他文化团体的学术观点、思想潮流。这些生活和研究的语境在很大程度上决定着他的"话语库"，由此，较大范围的文本阅读和话语分析就成了本书考察童寯建筑写作的主要方式。

一、建筑评论

时代性、真实性、经济性、阶级性是童寯在1937—1946年批判抗战前流行的"中国古典复兴式"建筑的着眼点，以《建筑艺术纪实》《中国建筑的特点》《我国公共建筑外观的检讨》三篇文章为代表。批判这种民族风格复古倾向的同时，他积极肯定了以钢筋混凝土为基本结构材料的"国际式"建筑的合理性，进而呼吁相关决策者以及建筑从业人员抛弃大屋顶，迎接"国际式"建筑的到来。而民族性并不意味着像"中国古典复兴式"建筑拥护者认为的那样，只能模仿古代建筑形式。正如日本现代建筑所证明的那样——民族性应该建立在时代性的基础上。同时在他看来，中国传统建筑体系从来都是兼容并蓄的，在发展过程中大量吸收了希腊、印度等的建筑要素，正是这种开放包容才造就了传统建筑的辉煌成就，这个观点反映在他的《中国建筑的外来影响》中，为当时（20世纪30年代）引进以新材料、新结构、新技术及新设计方法为特点的"国际式"建筑奠定了历史合法性的基础。童寯在1970年的《应该怎样对待西方建筑》中指出向西方建筑学习的内容在于先进的技术及科学的计算。因为在他看来，"国际式"建筑的特征便是新材料、新结构、无附加装饰，因此也是先进技术、科学计算以及真实表现的必然结果。

需要指出的是，童寯的这些观点并非绝响，在20世纪30—40年代的中国建筑界中，持相似见解的建筑从业人员并不鲜见。正如前文相关章节指出的那样，陆谦受、黄钟琳、庄俊、过元熙等均在童寯之前发表过类似观点。同时，当时流行的建筑史、艺术史观念以及中国文化界的学术观点都为童寯的建筑评论提供了重要的话语资源。

二、建筑史写作

童寯的建筑史写作，包括西方现代建筑史、苏联及东欧建筑史、日本近现代建筑史、建筑教育史以及中国建筑史等，在历史编纂方面大多采用《比较建筑史》的方式，如词条式体裁，以时间、地域为依据的分节方式，以及客观简练的文字描述。现代主义建筑在童寯那里无疑是一种超越民族、地域的普适性建筑，它不仅在西方世界是先进性的代表，而且也是非西方文化世界发展建筑工业科技的必然结果。任何企图背离该路线的建筑实践都被证明是反动和退步的（如苏联建筑"二十年弯路"和日本的"帝冠式"探索）；只有顺应这种趋势，才有可能实现从移植到超越的成功（如日本现代建筑实践所证实的那样）。

童寯这一系列建筑史写作呈现的田园式现代性与柯布西耶、佩夫斯纳、吉迪恩等一脉相承，也代表了近代以来中国知识精英对西方科学技术的认同和对中国落后现实的集体焦虑。同时这些建筑史写作的主要目的是为设计实践提供历史参照和为教育改革提供参考，体现了历史与设计的结合。

三、园林史写作

从历史编纂的角度来看，童寯早期的《江南园林志》在文献引用上部分参考了乐嘉藻的《中国建筑史》和陈植的《造园学概论》，运用述、记、志、图等志书常用体裁，打破了传统志书的"述而不作"，综合了辑录、叙述、议论等写作方式，成为一部重要的园林设计原理、园林史著作。其研究方法是实地考察测绘和文献考证结合，其文笔为简练文雅的近代文言文。晚期的《东南园墅》延续了20世纪30年代《天下》月刊的宗旨，意图摒弃过分专业化的说明，通过简单优美的散文吸引普通知识大众对中国园林的关注。《造园史纲》则和建筑史写作一样，采用了《比较建筑史》的方式，其中列举的西亚、欧美尤其是日本的造园案例较多参考了陈植的《造园学概论》。

童寯这些园林史写作强调了文人在中国园林构思、设计、描绘、欣赏、记录、传播等方面的主导地位，在这种主导作用下，文论、诗论、画论的评价体系进入园林，成为中国园林话语的重要组成部分。中西对比、东西互映，是其园林写作（尤其是《东南园墅》和《造园史纲》）的基本方式，其中既有园林空间形式的对比，又有造园思想的互动，还有表达工具上的借鉴交融。虽然童寯的园林研究对后来的建筑师如王澍等的实践产生了重要的影响，然而他本人并未介入园林实践，依旧秉承现代性追求，坚决反对模仿传统园林。也正是因为放弃了现实中的实践，将园林视为安顿自身情怀之所在，他才将江南园林的情趣视为比造园技巧更加重要的内容。童寯对欧洲园林和西亚园林同样给予很高评价，各种风格的园林在他眼中并无尊卑高下之分，只是不同文化选择、发展的结果，这表明了他超越狭隘民族主义的世界主义倾向。

第二节　建筑师的写作文本

本书为了写作便利，将童寯的建筑写作分为建筑评论、建筑史、园林史三个部分分别研究，然而以上三个方面的写作并非全然割裂的。事实上，以上三个方面的写作具有很多共性，它们作为建筑师的写作文本，体现出实践导向、形式主导和现代性追求的特征。

一、实践导向

童寯在他的《卫楚伟论建筑师之教育》中曾这样概括建筑学专业：

"建筑之学为理论与经验所构成，所谓经验，即以各种材料，按图修造，久而纯熟；所谓理论，则专研究房屋之各部分之合度与否也。故仅明建筑之工作而无学识则流为匠人；仅明理论而无实学，则入于空谈。唯两者皆备，则心手相应，出言有本矣。"①

---

① 出自《卫楚伟论建筑师之教育》，详见：童寯. 童寯文集（第1卷）[M]. 童明，杨永生，主编. 北京：中国建筑工业出版社，2000.

以上关于"理论"与"经验"关系的观点，鲜明地体现了作为职业建筑师的童寯对建筑史、建筑理论的态度。根据前文的叙述，职业建筑史学家有两种不同的出身，一种是具有艺术史背景的学者，另一种是受建筑训练的学者。前者一般都没有建筑实践经验，倾向于通过建筑史的研究建立美学理论；后者则与建筑实践关系密切，他们关注形式演变、建造细节等能够直接为建筑设计提供历史语汇的内容，也因此在建筑学院中较前者更受欢迎。

童寯毫无疑问属于后者，他的建筑写作，无论是评论还是历史，都与设计实践紧密相连，也都写得简单易懂，不太涉及深奥的设计理论和建筑哲学。这种写作习惯是他一贯的主张，在《应该怎样对待西方建筑》中，他曾说：

"尽管（西方）设计思想有时故弄玄虚，尽情研求享受，追求个人名利，为设计人自己树立纪念碑，这种种无疑应加以批判，但西方建筑技术中的结构计算、构造施工和设计法则等等，虽也夹杂一些烦琐哲学，空谈浮夸，绝大部分还是科学的，正确的，而应该予以肯定。"[1]

因此，回避深层理论、复杂哲学，关注能够直接为设计实践提供参照的内容，就是童寯建筑写作的主要特征。他的建筑评论主要针对国内建筑思潮、建筑实践以及建筑方针政策而作，批评抗战前流行的"中国古典复兴式"建筑，20世纪50年代盲目追求"多、快、好、省"的取向，以及极端排斥西方文化的行为。与此同时，

---

[1] 出自《应该怎样对待西方建筑》，详见：童寯. 童寯文集（第1卷）[M]. 童明，杨永生，主编. 北京：中国建筑工业出版社，2000.

他对基于现代科学及工业技术的"国际式"建筑大加赞赏，在自己的设计生涯中只要有机会便加以实践。

他的建筑史写作通过对历史的选择、加工和变形，塑造了西方现代建筑匀质发展的历史单元，并通过对非西方文化区域的建筑史操作，将现代主义建筑塑造成不可阻挡的历史潮流，逆之者亡（如苏联的弯路），顺之者昌（如日本的成就）。同时他的建筑史写作以案例介绍为主要内容，采用了弗莱彻建筑史的编纂方法，对代表建筑师、建筑团体及建筑案例以词条进行介绍，像词典一样，方便建筑师们查询学习。而对那些"烦琐哲学"（大多是被童寯划入"无实学而陷于空谈"的理论家、史学家们所作）的部分，则一概不提或至多一笔带过。

如果说童寯的建筑评论与建筑史写作秉承了明清实学"实体达用""经世致用"的宗旨，那么他的园林写作则更多继承了心学的传统，他的研究不仅指出文人对中国园林设计、建造、鉴赏、记录的主导作用以及中国园林与传统文学、山水画三者之间密不可分的关系，而且自觉地将自己对园林的评价标准置于这种文化语境中，体现出诗、画、园统一的园林认知。在他看来，园林的情趣远比造园技巧来得更加重要。在造园，乃至整个中国文化的道统都已断裂的情况下，他的知行合一体现在他延续造园传统这个课题上的有所不为。

二、形式主导

童寯一直呼吁发展建筑科学、工业技术，然而他对科技的关注并不仅仅在于科技本身，而更多是在于它们对建筑形式的影响上，这种形式特征又被时代精神、历史进化等社会和道德的价值判断所加强，因此被赋予某种合法性。

就现代建筑科技而言，童寯批判的"中国古典复兴"式建筑其实并不是简单复古，事实上，很多这类实践案例采用了他一再推崇的钢筋混凝土结构或钢结构。如中山陵就是典型的钢筋混凝土结构；励志社大礼堂核心部分为混凝土框架结构，屋架为钢结构。墨菲曾将这种用新技术建造的"中国古典复兴式"建筑称为"新瓶装旧酒"，新兴的技术手段是瓶，传统的中国韵味是酒。但在童寯看来，这种建筑并未在形式上充分体现新技术的影响，反而呈现出材料与形式不一致、结构受力不清晰、装饰与本体无对应关系等违背结构理性主义原则的特征。因此，无论是墨菲的"新瓶装旧酒"，还是伊东忠太、梁思成的"返本开新"、林徽因的"材料置换"，都在他反对之列。

备受童寯推崇的"代表着法国及全世界新兴建筑大方向"的蓬皮杜艺术文化中心，虽然有"高技派"之称，但实际上并没有太多高新技术，其设备管线外露的做法在工业建筑中也非常常见，然而它为代表高雅艺术殿堂的国家级文化艺术建筑赋予工业建筑外观的做法，充分表达了对工业技术的认同，对工业时代精神的歌颂，因此成为童寯极为推崇的案例。

"……突然间令人看到以工业建筑手段处理公共建筑，这意味着敲学院的丧钟……评论者更指出蓬皮杜艺术中心的设计人太过于歌颂科技，突出地表白水、电、暖通设备，而不是宣扬艺术文化，因而违背建筑使命。但今天的艺术文化，有别于古典艺术文化。陈列馆面貌也不可避免地随之改变。蓬皮杜中心具有炼油厂化工建筑面貌，而不像卢浮宫，就是因为它不仅是时代的产物，而且为21世纪建筑风格预定调子。"①

然而对于后现代主义建筑，除了上述的高技派建筑（它们被认为是现代主义建筑的延续），以及地域主义建筑外，童寯基本上持反对态度，认为它们不过是历史倒退，是物极必反原则下的产物而已，在他的文本中也较少涉及这类建筑。

"新建筑后期一些主要支流，如历史主义者，始自50年代的意大利。设计时引入巴洛克曲线，施工时杂砌水泥板块带不齐的接缝，倒退至古罗马与中古时代点滴作风；把新的旧的混在一起。美国60年代的约翰逊，抛弃了密斯的准则，另谋出路，不再用直线方角而转向弧券洞。……文图吕1960年起试用装饰线脚，古典柱式，在居住建筑改用坡屋顶和圆券窗门等历史形象。联系到前述约翰逊纽约美国电讯公司总部方案风格，不管是高层还是小住宅，两人互相呼应，这都说明穷则思变，物极必反的规律。"②

其实后现代主义并不仅仅包括美国式的历史元素拼贴，欧洲兴起的新理性主义、结构主义、解构主义等都属于后现代建筑的范畴。同时后现代主义是个非常宏大的命题，它不仅仅是形式创新，还包括对历史的重新审视、对地域文化的重视、对多元文化的认可、对哲学命题的探讨、对人性化设计的强调等。但由于它们大多

---

① 出自《新建筑与流派》"122. 蓬皮杜中心"词条。详见：童寯. 童寯文集（第2卷）[M]. 童明，杨永生，主编. 北京：中国建筑工业出版社，2001.

② 出自《新建筑与流派》"116. 新历史主义"词条。详见：童寯. 童寯文集（第2卷）[M]. 童明，杨永生，主编. 北京：中国建筑工业出版社，2001.

在形式上与现代主义建筑相去甚远，经常追求与历史的关联，因此在童寯的建筑史论述中基本以反面形象出现。

三、现代性追求

从前文的分析来看，童寯承认中国传统建筑和西方古典建筑在古代各自地域内的合理性，也认可各个地区传统园林的艺术价值，这表明了他的世界主义立场。然而在实践层面，不论建筑还是园林，他都反对任何复古（不论是中国的古，还是西方的古）倾向，而是追求较少涉及民族与地域特征的"国际式"风格。童寯的现代性追求主要表现为肯定建筑科学、工业技术的进步特征，呼吁建立与这种机器文明相适应的建筑形式体系。正如前文所言，他对现代性的理解倾向于哈贝马斯式的纲领性概念和柯布西耶的田园式观点。前者相信现代性作为一项进步与解放的计划，能够为日常社会生活建立理性的组织；后者认为现代性会为政治、经济、文化带来和谐持续的进步。

分四次刊载于《建筑师》杂志（1982—1983年）的《建筑科技沿革》一文，就是童寯肯定建筑科学和工业技术的体现。文章从古希腊、古罗马时期的结构探索开始，分别介绍了如中世纪、文艺复兴、启蒙时代、近现代等西方各个时期建筑材料、结构、计算的发展。一方面肯定了从手工建造到工业化的转变的革命，另一方面肯定了建筑结构从经验建造到科学计算的进步。同时，他还指出，20世纪中叶以来，西方已经从设计革命转向科学革命，并由此产生新技术、新结构分析、新造型、新构思①。

事实上，建筑形式生产已经进入资本主义创造性破坏②的循环中，层出不穷的各种建筑流派和主义让人应接不暇，对新建筑的渴望似乎压倒了对好建筑的需求。在塔夫里看来，这种创新是社会现代化进程的典型，先锋派建筑师对既有价值的破坏、对新颖形式的追逐以及对混乱的赞美，都与资本主义文明背后的原则相一致，他们的实践呼应了资本主义生活方式的经验性日常现实③。但是先锋派往往倾向于将价值观的毁灭提升为唯一的新价值。

近代中国知识分子具有典型的科学主义倾向，他们先后从西方引进了军事技术、政治制度，最后才是思想文化，但是这种引进在"五四"时代只有科学与民主，而在后来的发展中更是只剩下科学，沦为单纯的科学主义④，这种对科技的无限乐观直至今日依然是中国社会的主流意识形态。

尽管童寯对科技进步带来的建筑发展非常乐观，然而他也可能对这样的科学主义取向产生过隐约的不安。他曾提醒人们警

① 见《建筑科技沿革》，详见：童寯. 童寯文集（第2卷）[M]. 童明，杨永生，主编. 北京：中国建筑工业出版社，2001.
② 创造性破坏理论是伟大的经济学家熊彼特（Joseph Alois Schumpeter, 1883-1950）最有名的观点，这是其企业家理论和经济周期理论的基础。在熊彼特看来，"创造性破坏"是资本主义的本质性事实，重要的问题是研究资本主义如何创造并进而破坏经济结构，而这种结构的创造和破坏主要不是通过价格竞争而是依靠创新的竞争实现的。每一次大规模的创新都淘汰旧的技术和生产体系，并建立起新的生产体系。
③ 引自海嫩的研究结论。参见：海嫩. 建筑与现代性批判 [M]. 卢永毅，译. 北京：商务印书馆，2015.
④ 引自杜维明的研究结论。参见：杜维明. 现代精神与儒家传统 [M]. 台北：联经出版事业公司，1996.

惕西方文明中"自戕"的种子，并由此呼吁要选择性地对待西方的成就。体现在建筑思潮上，便是他把很多后现代建筑流派看作是现代主义发展到某种阶段后出现的物极必反（对现代主义的反叛）现象，除了对少数人物和建筑表示肯定外，总体对此持反对态度。

第三节　从思想史到观念史

本书的研究大致属于思想史的范畴，思想史研究往往建立在对某个人物、某本著作、某个流派进行分析的基础上，因此它通常会呈现精英化、抽象化的特征。思想史写作还经常制造一种假象——某种建筑思潮的流行就是在这些精英建筑师、建筑学者们的推动下实现的，而现实情况可能复杂得多。思想和行动的关系实际上并不明确，比如某些在今天的思想史文本中非常有影响力的建筑师、学者，他们的倡议在当时可能是小众的，并不像我们想象的那样影响广泛。跟这种精英化的思想史相比，观念史或许更通俗，更确定，有更明确的价值取向，因为观念是社会意识形态的基本要素，观念一旦被众人接受，实现社会化，就可以和社会行动联系起来。思想史的研究主要针对个别思想家及其主要著作，其范围受限且很难判断其社会接受度。而在今天，在数字化的巨量文献数据库里，通过关键词进行数据发掘和统计，就可以方便地对观念的起

269

源、流行、演变等进行研究①。

高瑞泉将中国近代观念嬗变总结为"异端翻为正统""边缘进入中心"和"新知附益旧学"三种方式。"异端翻为正统"即清代对儒家正统之外的诸子考证，逐渐发展为对原来的异端如墨子、法家等的推崇，并与外来现代观念结合，成为现代观念的一部分；"边缘进入中心"是指在原来居于边缘的文献中发现了现代观念，而迅速成为意识形态的中心；"新知附益旧学"是指传统思想遗产在新知识的阐释下获得新的意义。这三种方式在与社会史的结合中，通过政教、风俗、心理构成的社会生活整体，可以体现出近代中国社会观念变革的过程②。

事实上，近代中国建筑师职业的崛起和建筑学科在学院的出现，也可谓是对"异端翻为正统"和"边缘进入中心"的体现。中国古代建筑营造一直由社会地位较低的匠人承担，匠人通过师傅带学徒的方式把营造技术一代代传承下去；而拥有话语权的文人则通过制定建筑等级规范来约束建造行为，期望通过这种规范化的建筑行为建立社会秩序。近代中国留学生将成熟的、高度学术化的建筑体系带入中国，使学者成为第一批建筑师的主体，他们通过学院培养的方式将相关理论和技术传承下去。由此，建筑师整合了传统文人和匠人两种身份，把原来不受重视的行业带入主流社会，逐步实现了"异端翻为正统""边缘进入中心"。而"中国古典复兴式"

---

① 引自金观涛的研究方法。参见：金观涛. 观念史研究：中国现代重要政治术语的形成 [M]. 北京：法律出版社，2010.
② 引自高瑞泉的相关研究。参见：高瑞泉. 观念史何为？[J]. 华东师范大学学报（哲学社会科学版），2011（2）：1-10.

建筑则是"新知附益旧学"的典型代表，它通过"新瓶装旧酒"的方式，把新兴的技术手段运用在传统的建筑形式上，实现了传统与现代的融合，并搭上新型民族国家崛起的快车，在全国广泛流传，影响深远。

尽管研究的主题是精英建筑家的文本，本书依然部分借鉴了观念史的研究方法。比如在针对童寯的建筑评论研究中，本书对20世纪30年代上海建筑师团体发行的建筑刊物《中国建筑》和《建筑月刊》进行了文献统计，将其中涉及建筑风格讨论的文章筛选出来，与童寯的写作文本进行对照研究。这些文本在很大程度上体现了华东乃至全国建筑界（因为这两本期刊在全国发行）对"中国古典复兴式"建筑和"国际式"建筑的态度。董大酉、陆谦受、庄俊、过元熙、黄钟琳等都曾就此发表过文章，而他们中一部分人的观点，与抗战期间童寯的建筑评论有很多相似之处。这表明对建筑风格的讨论在抗战前已经存在并且相当热烈，而"求新派"也不止华盖建筑师事务所一家。

在接下来的研究中，除了引入观念史的研究方法，展现近现代建筑观念的演变线索之外，还需要在当今美利坚霸权及其民主正当性动摇之际，在中国被视为"头号战略竞争对手"的"新冷战"战略背景下，拨开历史的迷雾，正视发展中国家在建构现代性文化时面对的矛盾冲突。超越形式主义传统的建筑史写作，应另谋出路，深思建筑空间与社会文化的复杂关系，探索以下问题①。

---

① 这些问题的提出来自夏铸九教授对笔者的建议。

第一，"二战"后现代主义建筑无法与之切割的历史与政治现实——维持世界和平的美利坚强权与现代建筑的关系，以及由其引出的日本现代建筑对美国的文化依赖与政治附庸，还有日本社会内部父权文化下的再生产问题。

第二，现代建筑在意大利、巴西等地的发展与影响。如意大利现代主义建筑作为伴随法西斯主义崛起历史的一部分，在"二战"前的历史选择与作为，以及"二战"后在意大利社会中受到的正当性质疑；再如巴西现代主义建筑在共产党建筑师奥斯卡·尼迈耶（Oscar Niemeyer）主导的新首都（巴西利亚）的规划建设中的表现及对其的评价。

第三，后现代主义与现代主义建筑的斗争。如20世纪70年代后现代主义文化范式转移对现代主义的"历史复仇"；再如20世纪80年代英美保守主义政治势力上台，以新自由主义重构资本主义之时，建筑历史理论对现代主义领导权的全面攻击。

附录 童寯建筑写作目录

时间	写作文本	类别
1930—1938年	《旅欧日记》（1930年）	建筑游记
	《建筑五式》《各式穹窿》《制图须知及建筑术语》《做法说明书》《比例》（均为1930年）	建筑史、教学讲义
	《北平两塔寺》（1931年）	建筑史
	《东北大学建筑系小史》（1931年）《答读者问》（1931年）《卫楚伟论建筑师之教育》（1934年）	建筑教育史
	《中国园林——以江浙园林为例》（1936年）《满洲园》（1937）	园林史
	《建筑艺术纪实》（1937年）《中国建筑的外来影响》（1938年）	建筑评论 建筑史
	《江南园林志》（1937年完成，1963年出版）	园林史著作
1940—1946年	《木作结构的传统》（1940年）	建筑史
	《中国文化序列·序》（1940年）	文化史
	《中国建筑的特点》（1941年）	建筑史、建筑评论
	《建筑教育》（1944年）	建筑教育史
	《中国古代时尚》（1945年）	文化史
	《中国园林设计》前言（1945年）	园林史
	《中国建筑艺术》（1944—1945年）	建筑史
	《我国公共建筑外观的检讨》（1946年）	建筑评论
1959年	《评论、批评、批判》（1959年）	建筑评论手稿
1960—1968年	《给中青年教师讲话提纲》（1960年）	建筑教育
	《俄罗斯统治者的建筑方针》（1960年）	建筑史
	《近百年新建筑代表作》（1964年）	建筑史
	《亭》（1964年）	园林史
	《石与叠山》（1965年）	园林史

时间	写作文本	类别
1960—1968年	《南京琉璃塔》（1968年）	建筑史
	《资本主义社会统治者的建筑方针》（1968年）	建筑史
	《苏联建筑年鉴》（1968年）	建筑史
	《苏联建筑教育简述》（1968年）《美国本雪文亚大学建筑系简述》（1968年）	建筑教育史
1970—1979年	《应该怎样对待西方建筑》（1970年）《建筑中的经济问题》（1970年）	建筑评论手稿
	《欧式园林》（1970年）《江南园林》（1970年）	园林史
	《外国建筑教育》（1970年）	建筑教育史
	《中国园林对东西方的影响》（1973年完稿，1983年发表）	园林史
	《外中分割》（1974年完稿，1979年发表）	建筑史
	《关于"资本主义世界经济危机与其建筑学的学术危机"的意见》（1975年）	审稿意见
	《苏州园林——集中国造园艺术特征于一体》（1978年）《苏州古典园林》序（1978年）	园林史
	《童寯素描选》引言（1979年）	建筑画
	《新建筑与流派》（1978年完稿，1980年出版）《近百年西方建筑史》（1979年完稿，1986年出版）	西方现代建筑史著作
	《苏联建筑——兼述东欧现代建筑》（1979年完稿，1982年出版）	苏联及东欧现代建筑史著作
1980—1983年	《北京长春园西洋建筑》（1980年）	建筑史
	《随园考》（1980年）	园林史
	《悉尼歌剧院兴建始末》（1980年）《外国纪念建筑史话》（1980年）	建筑史
	《童寯水彩画选》引言（1981年）	建筑画

时间	写作文本	类别
	《新建筑世系谱》（1981年） 《建筑设计方案竞赛述闻》（1981年） 《巴洛克与洛可可》（1981年） 《建筑科技沿革》（1982—1983年）	建筑史
	《一代哲人今已矣，更于何处觅知音——悼念杨廷宝》（1983年）	回忆录
	《表现派》（时间不详）	建筑史笔记
	《江南园林》（1985年）	园林史
	《中国建筑教育》（1988年） 《外国建筑教育》（1988年）	建筑教育史
	《日本绘画》（时间不详）	艺术史笔记
	《古代建筑》（时间不详）	建筑史笔记
1980— 1983年	《北方园林》（时间不详） 《南方园林》（时间不详） 《叠石》（时间不详） 《花卉》（时间不详）	园林史笔记
	《西藏建筑》（时间不详） 《西藏古建筑》（时间不详） 《承德古建筑》（时间不详） 《人物》（时间不详）	建筑史笔记
	《西洋造园史》（时间不详） 《日本园林》（时间不详）	园林史笔记
	《童寯水彩画选》（1981年） 《童寯素描选》（1981年）	建筑画作品
	《建筑教育史》（1982年）	建筑史著作
	《日本近现代建筑》（1983年）	日本建筑史著作
	《日本建筑史——服部胜吉日本古建史》（时间不详）	建筑史笔记
	《中国建筑史》（时间不详）	建筑史笔记
	《东南园墅》（1982年完稿，1997年出版） 《造园史纲》（1983年）	园林史著作
	《中国绘画史》（时间不详） 《中国雕塑史》（时间不详）	艺术史笔记

注：本目录根据《童寯文集》及其他已出版文献整理而成。

参考文献

学术期刊

［1］赖德霖. 童寯的职业认知、自我认同和现代性追求［J］. 建筑师，2012（1）：31-44.

［2］赖德霖. 20世纪中国园林美学思想的发展与陈从周的贡献试探［J］. 建筑师，2018（5）：15-22.

［3］赖德霖. 中国园林话语与两岸当代建筑设计［J］. 台湾建筑学会会刊杂志，2015（4）：36-41.

［4］夏铸九. 营造学社：梁思成建筑史论述构造之理论分析［J］. 台湾社会研究季刊，1991，3（1）：5-50.

［5］夏铸九. 建筑批评与建筑史的个案：埃菲尔铁塔［J］. 世界建筑，2014（8）：20-26.

［6］周琦，王真真. 论从史出［J］. 建筑师，2016（6）：95-101.

［7］左其福. 语言学转向背景下作者死亡论的比较考察：以罗兰·巴特和福柯为对象［J］. 当代文坛，2009（2）：52-55.

［8］巴特. 从作品到文本［J］. 杨扬，译. 文艺理论研究，1988（5）：86-89.

［9］张一兵. 话语方式中不在场的作者：福柯《什么是作者?》一文解读［J］. 文学评论，2015（4）：136-145.

[10] 张一兵. 从构序到祛序：话语中暴力结构的解构：福柯《话语的秩序》解读 [J]. 江海学刊，2015（4）：50-59.

[11] 陈长利. 论福柯的"作者—功能"思想：以《什么是作者?》为考察对象 [J]. 北方论丛，2008（5）：49-51.

[12] 陶徽希. 福柯"话语"概念之解码 [J]. 安徽大学学报（哲学社会科学版），2009，33（2）：44-48.

[13] 王骏阳. "历史的"与"非历史的"：80年后再看佛光寺 [J]. 建筑学报，2018（9）：1-10.

[14] 冯仕达，慕晓东. 中国园林史的期待与指归 [J]. 建筑遗产，2017（2）：7.

[15] 吴燕. 论近代出版产业在上海的形成及其特征 [J]. 中国编辑，2012（3）：85-89.

[16] 卢永毅，宣磊，赵玲. 近代上海大众传媒与专业期刊对建筑发展的促进 [J]. 世界建筑，2016（1）：26-33.

[17] 王凯. 言说与建造：20世纪初的公共媒体与现代中国建筑师 [J]. 时代建筑，2014（2）：142-147.

[18] 李华. 话语建构与观念流变：1954—1991年《建筑学报》中理论议题的历史回溯 [J]. 建筑学报，2014（9）：18-25.

[19] 黄芳.《天下》月刊素描 [J]. 新文学史料，2011（3）：158-167.

[20] 温克尔曼. 古代艺术史 [J]. 陈研，陈平，译. 新美术，2007，28（1）：36-47.

[21] 袁继锋. 战国策派研究述评 [J]. 重庆大学学报（社会科学版），2010，16（5）：102-106.

［22］江沛. 战国策学派文化形态学理论述评：以雷海宗、林同济思想为主的分析［J］. 南开学报（哲学社会科学版），2006（4）：37-43.

［23］宫富. "代言"与"立言"："民族主义"文艺与"战国策派"文艺辨析［J］. 内蒙古师范大学学报（哲学社会科学版），2007，36（5）：90-97.

［24］程枭翀，徐苏斌. 近代西方学者对中国建筑的研究［J］. 建筑学报，2015（2）：50-54.

［25］纪娟. 黑格尔民族精神探析［J］. 湖州师范学院学报，2010（3）：67-71.

［26］柳岳武. "一统"与"统一"：试论中国传统"华夷"观念之演变［J］. 江淮论坛，2008（3）：150-155.

［27］唐文明. 儒教文明的危机意识与保守主题的展开［J］. 清华大学学报（哲学社会科学版），2017（4）：102-112，195.

［28］郭湖生. 创造者的颂歌：读《新建筑与流派》［J］. 读书，1984（11）：39-47.

［29］史春风. 20世纪30年代国民政府文化运动研究［J］. 山东社会科学，2012（2）：94-98.

［30］郑大华. 30年代的"本位文化"与"全盘西化"的论战［J］. 湖南师范大学社会科学学报，2004，33（3）：84-90.

［31］盛邦和. 20世纪30年代关于"本位文化"的大讨论［J］. 上海财经大学学报，2011，13（5）：3-9.

［32］刘亚桥. "全盘西化"、"充分世界化"与"现代化"：胡适"全盘西化"之真义［J］. 甘肃社会科学，2000（2）：37-39.

［33］董恩林. 历史编纂学论纲［J］. 华中师范大学学报（人文社会科学版），2000，39（4）：122-127.

［34］庞卓恒. 历史学的本体论、认识论、方法论［J］. 历史研究，1988，28（1）：3-13.

［35］高瑞泉. 观念史何为?［J］. 华东师范大学学报（哲学社会科学版），2011（2）：1-10.

［36］易兰. 兰克史学之东传及其中国回响［J］. 学术月刊，2005（2）：76-82.

［37］金之平. 评梁启超的英雄史观［J］. 山东大学文科论文集刊，1983（2）：122-129.

［38］胡为雄. 英雄观的变迁：从卡莱尔到普列汉诺夫再到胡克［J］. 中国社会科学，1994（1）：157-168.

［39］王挺之. 乔尔乔·瓦萨里的《意大利艺苑名人传》［J］. 世界历史，2002（3）：116-119.

［40］李文辉. 从《伊洛渊源录》到《明儒学案》：学案体之体例演进研究［J］. 中山大学研究生学刊（社会科学版），2009（1）：1-20.

［41］王敏颖. 建筑史在西方与中国专业学院中的定位：从十八世纪迄今［J］. 台湾大学建筑与城乡研究学报，2011（17）：63-72.

［42］陈其泰. 王国维"二重证据法"的形成及其意义（下）［J］. 北京行政学院学报，2005（5）：74-77.

［43］刘江峰，王其亨. "辨章学术、考镜源流"：中国营造学社的文献学贡献［J］. 哈尔滨工业大学学报（社会科学版），2006（5）：15-19.

［44］陈志华. 《近百年西方建筑史》读后记［J］. 建筑学报，1990
　　（4）：41-43.

［45］陈谋德. 科学技术是建筑发展的主要动力：童寯先生建筑学
　　术思想的启示与思考［J］. 建筑学报，1991（4）：30-35.

［46］张波. 童寯《江南园林志》的研究方法考察［J］. 时代建筑，
　　2016（5）：72-77.

［47］周宏俊. 试析《江南园林志》之造园三境界［J］. 时代建筑，
　　2016（5）：67-71.

［48］童明. 眼前有景：江南园林的视景营造［J］. 时代建筑，
　　2016（5）：56-66.

［49］顾凯. 童寯与刘敦桢的中国园林研究比较［J］. 建筑师，
　　2015（1）：92-105.

［50］顾凯. 画意原则的确立与晚明造园的转折［J］. 建筑学报，
　　2010（S1）：127-129.

［51］诸葛净. 寻找中国的建筑传统：1953—2003年中国建筑史学
　　史纲要［J］. 时代建筑，2014（1）：167.

［52］王澍. 只有情趣：为《东南园墅》新译序［J］. 时代建筑，
　　2018（4）：54-55.

［53］张广智. 傅斯年、陈寅恪与兰克史学［J］. 安徽史学，2004
　　（2）：13-21.

［54］方拥. 建筑师童寯［J］. 华中建筑，1987（2）：83-89

学术著作

［1］　中国近代建筑史料汇编编委会. 中国近代建筑史料汇编［M］.
　　上海：同济大学出版社，2014.

［2］中国营造学社. 中国营造学社汇刊（1—7卷）［M］. 北京：中国营造学社，1930-1945.

［3］童寯. 童寯文集（1—4卷）［M］. 童明，杨永生，主编. 北京：中国建筑工业出版社，2000-2006.

［4］童寯. 江南园林志［M］. 北京：中国建筑工业出版社，1984.

［5］童寯. 东南园墅［M］. 汪坦，译. 北京：中国建筑工业出版社，1997.

［6］童寯. 造园史纲［M］. 北京：中国建筑工业出版社，1983.

［7］童明，杨永生. 关于童寯［M］. 北京：知识产权出版社，2002.

［8］黎靖德. 朱子语类（第一册）［M］. 北京：中华书局，1994.

［9］张之洞. 张之洞劝学篇评注［M］. 大连：大连出版社，1990.

［10］沈复，林语堂. 浮生六记：汉英对照绘图本［M］. 北京：外语教学与研究出版社，1999.

［11］林语堂. 吾国与吾民［M］. 北京：外语教学与研究出版社，2009.

［12］章学诚. 文史通义校注［M］. 北京：中华书局，1985.

［13］姚鼐. 古文辞类纂［M］. 上海：上海古籍出版社，1998.

［14］梁启超. 饮冰室合集［M］. 北京：中华书局，2015.

［15］孙中山. 建国方略［M］. 北京：三联书店，2014.

［16］国都设计技术专员办事处. 首都计划［M］. 南京：南京出版社，2006.

［17］傅斯年. 傅斯年全集（第3卷）［M］. 长沙：湖南教育出版社，2003.

［18］冯友兰. 中国哲学史［M］. 北京：生活·读书·新知 三联书店，2009.

［19］毛泽东. 论人民民主专政［M］. 北京：人民出版社，1960.

［20］梁思成. 中国建筑史［M］. 北京：百花文艺出版社，2005.

［21］梁思成，林洙. 梁思成图说西方建筑［M］. 北京：外语教学与研究出版社，2014.

［22］刘敦桢. 苏州古典园林［M］. 北京：中国建筑工业出版社，1979.

［23］罗小未. 外国近现代建筑史［M］. 北京：中国建筑工业出版社，2004.

［24］吴焕加. 20世纪西方建筑史［M］. 郑州：河南科学技术出版社，1998.

［25］刘先觉. 外国建筑简史［M］. 北京：中国建筑工业出版社，2010.

［26］潘谷西. 中国建筑史［M］. 北京：中国建筑工业出版社，2009.

［27］邹德侬. 中国现代建筑史［M］. 天津：天津科学技术出版社，2001.

［28］郑时龄. 建筑批评学［M］. 北京：中国建筑工业出版社，2014.

［29］赖德霖，伍江，徐苏斌. 中国近代建筑史［M］. 北京：中国建筑工业出版社，2016.

［30］彭一刚. 中国古典园林分析［M］. 北京：中国建筑工业出版社，1986.

［31］陈从周文. 说园：摄影珍藏版［M］. 济南：山东画报出版社，2002.

［32］叶菊华. 刘敦桢·瞻园［M］. 南京：东南大学出版社，2013.

［33］傅朝卿. 中国古典式样新建筑：二十世纪中国新建筑官制化的历史研究［M］. 台北：南天书局，1993.

［34］董黎. 中国近代教会大学建筑史研究［M］. 北京：科学出版社，2010.

［35］赖德霖. 中国近代建筑史研究［M］. 北京：清华大学出版社，2007.

［36］赖德霖. 走进建筑 走进建筑史：赖德霖自选集［M］. 上海：上海人民出版社，2012.

［37］赖德霖. 中国近代思想史与建筑史学史［M］. 北京：中国建筑工业出版社，2016.

［38］冯炜. 透视前后的空间体验与建构［M］. 南京：东南大学出版社，2009.

［39］张琴. 长夜的独行者［M］. 上海：同济大学出版社，2018.

［40］王澍. 设计的开始［M］. 北京：中国建筑工业出版社，2002.

［41］金观涛. 观念史研究：中国现代重要政治术语的形成［M］. 北京：法律出版社，2010.

［42］张中载，王逢振，赵国新. 二十世纪西方文论选读［M］. 北京：外语教学与研究出版社，2002.

［43］许宝强，袁伟选. 语言与翻译的政治［M］. 北京：中央编译出版社，2001.

［44］晴佳，伟瀛. 后现代与历史学：中西比较［M］. 济南：山东
　　　大学出版社，2003.

［45］赵辰.“立面”的误会［M］. 北京：生活·读书·新知　三
　　　联书店，2007.

［46］杜维明. 现代精神与儒家传统［M］. 台北：联经出版事业公
　　　司，1996.

［47］李泽厚. 中国近代思想史论［M］. 北京：生活·读书·新
　　　知　三联书店，2008.

［48］吴雁南. 中国近代社会思潮：1840—1949［M］. 长沙：湖南
　　　教育出版社，1998.

［49］方闻. 心印：中国书画风格与结构分析研究［M］. 李维琨，
　　　译. 西安：陕西人民美术出版社，2004.

［50］黑格尔. 哲学史讲演录［M］. 贺麟，王太庆，译. 北京：商
　　　务印书馆，1959.

［51］黑格尔. 法哲学原理［M］. 张企泰，范扬，译. 北京：商务
　　　印书馆，1979.

［52］萨义德. 东方学［M］. 王宇根，译. 北京：生活·读书·新
　　　知　三联书店，1999.

［53］萨义德. 文化与帝国主义［M］. 李琨，译. 北京：生活·读
　　　书·新知　三联书店，2016.

［54］巴特. 埃菲尔铁塔［M］. 李幼蒸，译. 北京：中国人民大学
　　　出版社，2008.

［55］詹克斯. 后现代建筑语言［M］. 李大夏，摘译. 北京：中国
　　　建筑工业出版社，1986.

［56］塔夫里. 建筑学的理论和历史［M］. 郑时龄，译. 北京：中国建筑工业出版社，2010.

［57］柯布西耶. 走向新建筑［M］. 陈志华，译. 西安：陕西师范大学出版社，2004.

［58］柯林斯. 现代建筑设计思想的演变：1750—1950［M］. 英若聪，译. 中国建筑工业出版社，1987.

［59］弗兰姆普敦. 建构文化研究：论19世纪和20世纪建筑中的建造诗学［M］. 王骏阳，译. 北京：中国建筑工业出版社，2007.

［60］维特鲁威. 建筑十书［M］. 陈平，译. 北京：北京大学出版社，2012.

［61］图尼基沃蒂斯. 现代建筑的历史编纂［M］. 王贵祥，译. 北京：清华大学出版社，2012.

［62］海嫩. 建筑与现代性批判［M］. 卢永毅，译. 北京：商务印书馆，2015.

［63］包亚明. 现代性与空间的生产［M］. 上海：上海教育出版社，2003.

［64］卡森斯，陈薇. 建筑研究（01）［M］. 北京：中国建筑工业出版社，2011.

［65］张复合，刘亦师. 中国近代建筑研究与保护（十）［M］. 北京：清华大学出版社，2016.

［66］WRIGHT G, PARKS J. The history of history in American schools of architecture: 1865-1975［M］. Princeton: Princeton Architectural Press, 1990.

[67] CODY J W, STEINHARDT N S, ATKIN T. Chinese architecture and the beaux-arts [M]. Honolulu: University of Hawaii Press, 2011.

[68] ALTHUSSER L. Lenin and philosophy and other essays [M]. New York: Monthly Review Press, 2001.

[69] LEFEBVRE H. The production of space [M]. Oxford: Blackwell, 1991.

[70] PEVSNER N. An outline of European architecture [M]. Rev. ed. London: Gibbs Smith, 2009.

[71] PEVSNER N. Pioneers of the modern movement [M]. New York: Museum of Modern Art, 1949.

[72] HITCHCOCK H R, JOHNSON P. The international style: architecture since 1922 [M]. New York: W. W. Norton& Company, 1932.

[73] WATKIN D. The rise of architectural history [M]. Chicago: University of Chicago Press, 1900.

[74] CARR E H. What is history? [M]. London: Penguin UK, 2018.

[75] ARNOLD D. Reading architectural history [M]. London: Routledge, 2003.

[76] PORPHYRIOS D. On the methodology of architectural history [M]. New York: St. Martin's Press, 1982.

[77] MUSGROVE J. Sir Banister Fletcher's a history of architecture [M]. London: Charles Scribner's Sons, 1975.

[78] FORTY A. Words and buildings: a vocabulary of modern architecture [M]. London: Thames and Hudson, 2000.

[79] KOSTOF S. The architect: chapters in the history of the profession [M]. New York: Oxford University Press. 1976.

[80] CODY J W. Exporting American architecture, 1870-2000 [M]. London: Routledge, 2003.

[81] CODY J W. Building in China: Henry K. Murphy's "Adaptive Architecture": 1914-1935 [M]. Seattle: University of Washington Press, 2001.

论文集

[1] 陈薇.《苏州古典园林》的意义 [C] //全球视野下的中国建筑遗产：第四届中国建筑史学国际研讨会论文集. 上海：同济大学出版社，2007：34-35.

[2] 韩艺宽，周琦. 创造者的颂歌：童寯两部西方建筑史文本分析 [C] //2017世界建筑史教学与研究国际研讨会论文集. 广州：华南理工大学建筑学院，2017：498-501.

[3] HAN Y. To build an ideal dwelling place: the Tung Chuin's House in Nanjing [C]. //ARCHIDESIGN, 18 Conference Proceedings. Istanbul: Özgür Öztürk Dakam Yayinlari, 2018: 242-251.

学位论文

[1] 方拥. 童寯先生与中国近代建筑 [D]. 南京：东南大学，1984.

[2] 王俊雄. 国民政府时期南京首都计划之研究: 1928—1937 [D]. 台南: 成功大学, 2002.

[3] 万仁甫. 黑格尔文艺史哲学研究 [D]. 南昌: 江西师范大学, 2003.

[4] 易兰. 兰克史学研究 [D]. 上海: 复旦大学, 2005.

[5] 王超云. 基督教在近代中国传教方式的转变 [D]. 兰州: 西北师范大学, 2006.

[6] 朱振通. 童寯建筑实践历程探究 (1931—1949) [D]. 南京: 东南大学, 2006.

[7] 蒋春倩. 华盖建筑事务所研究 (1931—1952) [D]. 上海: 同济大学, 2008.

[8] 李红玲. 《天下》月刊 (T'IEN HSIA MONTHLY) 研究 [D]. 上海: 上海外国语大学, 2008.

[9] 焦键. 关于童寯园林研究的再认识 [D]. 南京: 南京大学, 2010.

[10] 叶仲涛. 童寯园林史学思想和方法研究 [D]. 长沙: 中南林业大学. 2011.

[11] 刘建岗. 阿道夫·路斯独栋住宅空间演化的呈现及对穆勒住宅的解读 [D]. 南京: 南京大学, 2012.

[12] 高钢. 南京近代行政建筑 [D]. 南京: 东南大学, 2022.

后记

　　本书由笔者的博士学位论文《童寯建筑写作研究》修改而成，书籍的顺利完成得益于很多人的帮助。首先感谢我博士期间的导师周琦教授，他的学术修养和自律的生活习惯一直影响着我们。近十多年，周琦教授的研究团队一直推进南京近代建筑史研究，这项工作也是对刘先觉先生20世纪80年代相关工作的深入和继续。二十多位博士和硕士研究生在周老师的指导下相继完成南京近代城市规划、城市公园和景区以及行政、教育、商业、居住、工业、交通、宗教、使领馆、墓葬建筑的调查和研究。目前，基于上述工作的三卷本《南京近代建筑史》即将出版，笔者有幸参与其中部分内容的写作、筛选、编辑和摄影工作。

　　上述研究大致按建筑类型展开，目前已基本结束，还在继续的是技术史、思想史以及遗产保护研究，本书的写作便是这个研究框架中思想史的部分。由于我在上海现代设计集团有限公司（今华建集团）工作大半年后才回到校园开始攻读博士学位，职场同事和老同学们的工作和生活状态难免给我一些"同侪压力"，这种紧迫感在入学后一直驱使着我认真努力，抓紧学业进度。经过和周老师的多次深入讨论，终于在第一学年末确定了研究方向，经一年时间准备后正式开题。周老师在写作过程中不断给我反馈。我们典型的交流模式是：当我完成一章内容后，就花近一小时向他汇报，他当场点评，给我意见和建议，整个过程一般要花费九十分钟以上。论文初稿是在新加坡联合培养期间完成的，我也录了视频向周老师汇报。

还要感谢何培斌教授和夏铸九教授。何老师是我在新加坡国立大学参加博士联合培养项目时的导师，他在中国建筑史、艺术史等方面对我的指导让这篇论文内容更加丰富，思想得以深化。比如，在他的提醒下，我了解了伊东忠太关于"希腊—印度—中国"传播路径的论述；也是在他的点拨下，我阅读了方闻的《心印》，认识到心学和理学在中国绘画中有所体现，并进一步思考它们与中国园林研究的关联。联合培养期间，我会和何老师定期见面，每章内容都和他详细汇报过，得到不少启发性建议。尽管论文（答辩稿）在答辩中产生了一些争议，周老师和何老师依然对其中的主要内容、基本结论以及研究方法表示认同。经过与二位导师的分别讨论，我也坚定了信心，坚持了最初的判断。也许这项研究无法让所有人信服，但争议本身就代表了某种意义和价值。

笔者在攻读博士学位期间选修和旁听了夏铸九教授三个学期的博士班历史课程。该系列课程加深了我对历史研究的认知，给了我历史研究方法论的启发。本书的很多历史观念和研究方法便是来自该课程的影响。事实上，本书在建筑史、园林史的研究中借鉴了夏老师在《营造学社——梁思成建筑史论述构造之理论分析》中的研究方法。

感谢参加我开题报告以及博士学位论文答辩的陈薇教授、赵辰教授、童明教授、汪永平教授、李百浩教授、方立新教授和答辩秘书王为老师，他们的意见和建议让我对这个研究主题有更多的思考。陈薇教授在答辩后给予我一定的认可，并为论文的后续修改提供了宝贵建议，李百浩教授为我写了推荐信，在此特别感谢二位老师。感谢接受我访谈的童林凤夫妇、刘先觉教授、冯仕达副教授、郭杰伟教授、赖德霖教授等，尽管我的某些提问方式和内容并不专业，他们大多还是给予了积极回复，这份慷慨和善意让我一直感恩。

感谢在东南大学周琦教授工作室期间遇到的同学和同事，和他们在一起研究、工作和生活的时光让我至今难忘；感谢在新加坡国立大学参加联合培养项目时遇到的同学和朋友，和他们的交流让我受益匪浅；感谢我的家人，他们的理解、支持和包容是我坚强的后盾。

中国建筑工业出版社的郑淮兵主任和王晓迪编辑在本书出版过程中给予了很多支持，付出了不少努力和耐心，在此一并感谢！